初學 拼接圖形の最強聖典

一次解決自學拼布的入門難題！

CONTENTS

圖形INDEX

拼布的魅力之一就是圖案的多樣性，長久流傳下來的圖案中，
具有幾何圖樣、生活用具或植物等等的各種設計，光是看著這些圖案，
想著要製作哪一款，就覺得興奮有趣呢！

九宮格 P18

沙漏 P20

熊掌 P22

三角形 P24

檸檬星 P26

醉漢之路 P28

六角形 P30

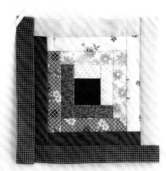

小木屋 P33

Yo-Yo球 P36

泡芙 P37

蘇姑娘 P40

夏威夷拼布 P38

積木 P58

水杯 P59

鐵路柵欄 P60

搖動木馬 P61

風車 P62

領結 P63

線軸 P64

萬花筒 P65

雙層風車 P66

魔術卡片 P67

鐵砧 P68

楓葉 P69

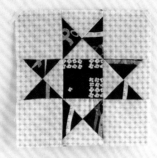

俄亥俄之星 P70

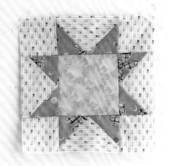

夜幕之星 P71

法院階梯 P72

野鵝的追逐 P73

德賣斯登花盤 P74

扇子 P75

羅盤 P76

蜜蜂 P77

提籃 P78

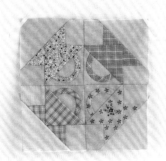

郵戳提籃 P79

玫瑰花園 P80

房子 P81

使用布料

適合用於製作拼布的布，是不會太厚的100%棉質。針織目不會過密的平織布料（寬幅密織平紋布、細棉布、高紗密織棉布……），針較容易穿過，布料強度也夠，具有各式各樣的花紋圖案，依喜好自由地選擇搭配吧！裡布請選擇與表布風格搭配，厚度也相當的布料，如果選擇印花布料製作，壓線的針目在布料上面則較不明顯，建議初學者選用。

花紋種類

大型花紋

可依照花紋的尺寸而作成大一點的作品，作成小的拼接布片使用，也會因為用到的圖樣部位不同而營造出變化感，是很推薦的花色。

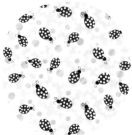

中型花紋

作成小的布片也一樣可以看得清楚布料上的漂亮花紋，與大型花紋或小型花紋的布料組合變化時，非常好用。

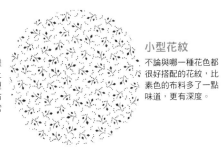

小型花紋

不論與哪一種花色都很好搭配的花紋，比素色的布料多了一點味道，更有深度。

印花

拼布製作上也很受歡迎的花紋，從大朵花樣到小碎花，具有多種設計。

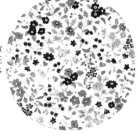

圓點

易於配色的經典花紋，小一點的圓點則會稱為點點。

條紋

依使用的方向不同而呈現不同感覺的花紋，具有俐落感。

具體花紋

以動植物或是小東西為主題的花紋，只是重點性地使用也會很可愛。

英文字母花紋

當成素色的布料使用，畫面更有變化，營造出時尚感。

幾何圖形花紋

由幾何圖形連續組合而成的花紋，適合用於製造顯眼重點裝飾部位。

格紋

因紗線紡織的方式而形成格紋花紋的布料，可選擇喜歡的顏色跟大小製作。

先染格紋

以先染好顏色的紗線紡織成格紋的布料，適合喜愛沉穩色調的人使用。

暈染

有著形成暈染開色澤的手染布，比素色的布料多了些變化與味道，製作夏威夷拼布時常常會用到。

各種材質的差異

比較了幾種適合用於拼布的布料材質

細棉布

較薄的平織布料，柔軟稍稍帶有一點光澤。

高紗密織棉布

每1英寸（2.54cm）內由80股紗線構成的布料，適合用於拼接布片。

寬幅密織平紋布

由較粗的紗線織成的平織布料，質樸素雅但也有豐富的色系可供選擇。

試著配色看看吧！

自由地選擇喜歡的布料來玩配色吧！有時候把布料並排在一起看，感覺就有點不同，所以還是建議實際拿布料比對配色，以下將介紹幾組配色的範例。

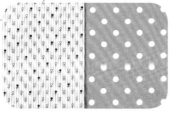

同色系

如果布料圖樣裡都有著相同顏色的部分，搭配起來整體感較為融合。

對比色

利用對比色調搭配，可形成具有張力的氣氛。

層次感

以同色系層次感的布料搭配，較有一致感。

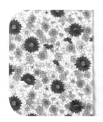

花紋與素色1

有花紋的布料與花紋中擁有的其中一色的素色布料搭配，看起來自然不突兀。

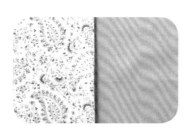

花紋與素色2

淡色花紋的布料也能透過與素色布料搭配而變得亮眼。

大型花紋與格紋

大型花紋搭配上顏色相近的格紋布料，給人可愛的感覺。

小型花紋與小型花紋

以小巧的圖樣互相搭配，營造出恬靜印象，例如這兩塊布料則呈現鄉村風的配色。

圓點＆花紋布

搭配圓點花布可使花紋布料顯得較有流行感，選用相同色系製作，就是完美組合！

中型花紋＆中型花紋

中型花紋的搭配，給人安定沉穩的感覺，選用同色調的布料整體性更佳。

拼布工具

製作拼布使用的工具，主要有製作版型的工具、在布料上描繪記號的工具、縫製的工具……其實平常隨手可得的工具就非常好用了！建議先使用身邊隨手可得的工具，再依需求慢慢備齊專業級較好用的工具吧！

鉛筆&橡皮擦

可用於製作紙型或在布料上繪製記號，使用自動鉛筆也OK。

美工刀

以厚紙板製作紙型時，可用來切割，製作含縫份的紙型時非常方便。

布用自動鉛筆、布用鉛筆

在布料上繪製記號時使用，因為自動鉛筆的筆芯可以一直維持很細的狀態，能夠準確地畫出記號。

膠板紙

用來製作紙型的半透明紙，可以鉛筆描繪也能以剪刀裁剪，有些上面會印著方格圖樣。

厚紙板・方格紙

以尺描繪紙型時，使用方格紙可便於描繪處正確的長度與角度。

記號筆　於布料上描繪記號時使用，請依照用途選用適合的種類。

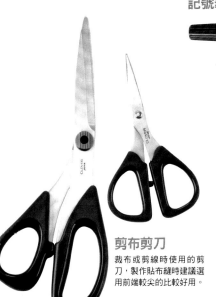

剪紙剪刀

用來剪紙型或圖案等紙類，請與剪布剪刀分開。

剪布剪刀

裁布或剪線時使用的剪刀，製作貼布縫時建議選用前端較尖的比較好用。

尺　用於製作紙型或描繪記號時使用，選用標註有平行線與45°的斜線的尺會比較方便。

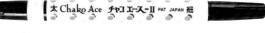

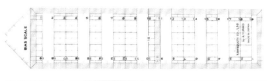

穿線器
讓線能簡單地穿過針的工具。把針放入洞裡，線掛在溝槽中，按下按鈕之後就完成穿線了！

針包
可把暫時不用的針、珠針等刺在上面，進行疏縫或是壓縫時，如果事先準備好多枝已穿好線的針，便可以加快製作速度。

珠針
小片拼接與貼布縫時用來暫時固定布料，拼布時選擇頭較小的珠針比較合適。

拼布用手縫針
使用於拼接布片。

貼布縫用手縫針
用於貼布縫，所以針較尖銳。

線
小片拼接與壓縫布片都適用的聚酯纖維線是很好用的線材，米色是最常使用的顏色。

頂針
進行平針縫時，將頂針戴在中指，把針抵在小洞上之後再推，就能輕鬆地讓針穿過布料，縫製作業也變得容易許多。

針的實際大小
（由上而下）疏縫針
拼布用手縫針
壓線用針

錐子
可用來挑出細小部分及整理翻出的褶角時使用。

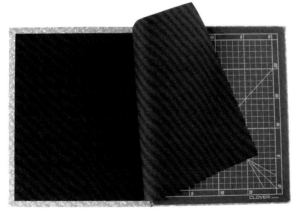

拼布板
外側是小的燙板，打開內側是切割墊與讓紙不易滑動的砂板，把布料放在砂板上，因為不易滑動便可以準確地描繪記號。

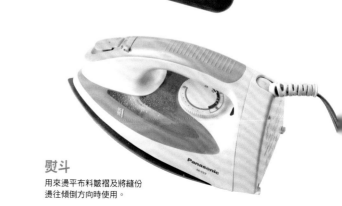

熨斗
用來燙平布料皺褶及將縫份燙往傾倒方向時使用。

要記住喔！

拼布基本用語

開始製作拼布之前，讓我們先學會這些基本用語吧！

拼布

「接合」的意思，縫合各種形狀及顏色的布片。如果將拼布大致分類，包含拼接以及貼布縫兩種。

拼被

在表布（拼被表布）與裡布之間夾入棉襯，並施以壓線（Quilting）的作品。布料之間就算沒有夾著鋪棉也能稱為拼被。

布片

裁剪成一片一片，通常是為了作一區塊拼布而將布料裁切成三角形或是四方形的小布片。

小片拼接

縫合布片的作業，也稱為Piecing。

區塊

群組的意思，縫合數片小布片作成一個圖案，也可能是接合數個圖案而完成的群組。

圖案

縫合布片作成的區塊圖案。有著各式各樣的設計，為了表示其形狀與內容而取了名字作為代表。

貼布縫

放上＆貼上的意思，將剪好的布片以立針縫縫到基底布上。

圖案

布片

表布

以小片拼接或貼布縫而作成的一片布，拼被正面的那側布料，稱為表布，不是小片拼接而成的單片布料也可稱為表布。

鋪棉

放在表布與裡布中間，扁平狀的棉襯。具有厚的、薄的以及單面有膠的不同種類。

裡布

拼被的另一面，也稱為背面。

小邊條

Lattice就是格子的意思，指縫在圖案與區塊之間的帶狀布條，交叉的地方稱為小邊條角。

大邊條

border是邊緣的意思，指的是組合而成的區塊外緣如外框的布條。

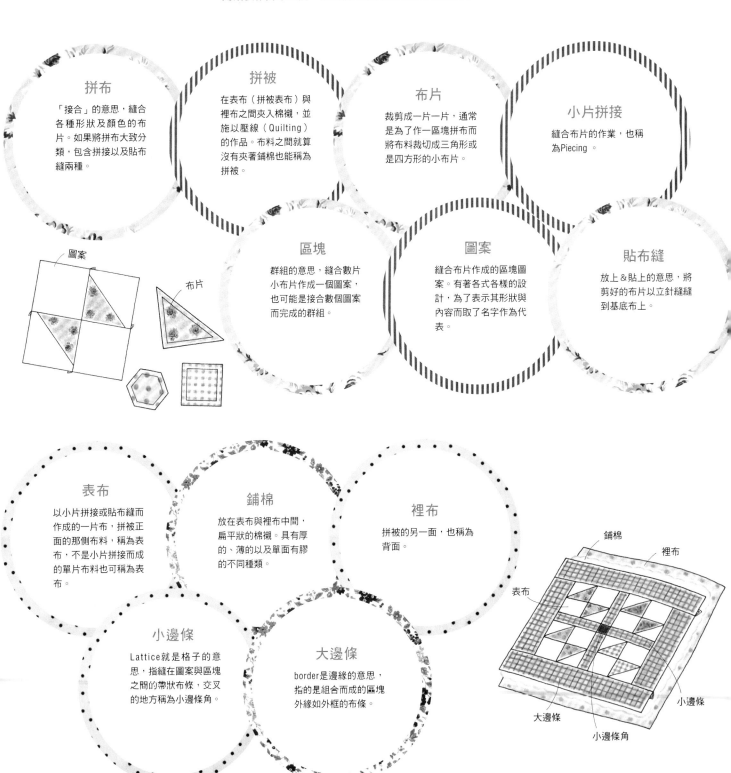

鋪棉
裡布
表布
小邊條
大邊條
小邊條角

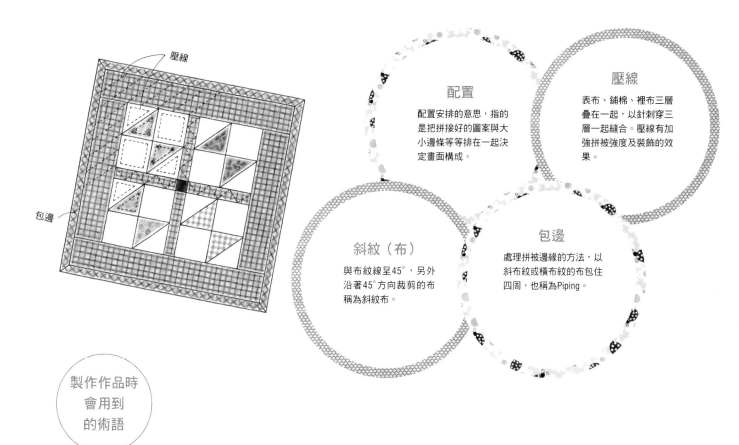

配置

配置安排的意思，指的是把拼接好的圖案與大小邊條等等排在一起決定畫面構成。

壓線

表布、鋪棉、裡布三層疊在一起，以針刺穿三層一起縫合。壓線有加強拼被強度及裝飾的效果。

斜紋（布）

與布紋線呈45°，另外沿著45°方向裁剪的布稱為斜紋布。

包邊

處理拼被邊緣的方法，以斜布紋或橫布紋的布包住四周，也稱為Piping。

製作作品時
會用到
的術語

 合印記號
縫合兩片布時，避免布料變形或移位，事先作好用來對齊的記號。

襯布
壓線時鋪在鋪棉下側的布，壓線完成後縫上裡布或是裡袋就看不到的布料即這樣稱呼。

 回針縫
進一針之後再回一針的縫法，通常用在拼接布片時的第一針與最後一針，或是想要縫得非常牢固時會使用這種縫法。

倒向一側
布縫合之後，兩片縫份倒向同一側，通常會倒向顏色較深側較不明顯。

包邊壓縫
縫份倒向一側時，摺入多餘的布蓋住縫線的縫法。

口布
包包或口袋的袋口部位使用的布。

 疏縫
先將表布、鋪棉、裡布三層以較粗的針目縫合固定，使壓線時布不會移動錯位。

 裁切
不含縫份直接裁剪。

立針縫
通常用於貼布縫，與布邊呈直角垂直的固定縫法。

千鳥縫
又稱交叉縫，縫線斜斜交叉的縫法。

基底布
作貼布縫時下面那一層布。

 中表
縫合時，兩片布的正面相對。

縫份
布縫合時需要預先多留的部分，一般來說拼布的縫份為0.7cm。

 半回針縫
進一針往後回半針的縫法，比平針縫更加牢固的縫法。

星止縫
針目較小，從表面看不大到縫線的縫法。

 捲針縫
像是把布邊包住似的，以捲的方式縫合的技法。

紙型製作

拼布所需要的布片都是利用紙型而裁切出來的，分成原寸紙型及已含縫份紙型的作法。已含縫份的紙型可以減少另外畫上縫份的步驟，要裁切很多小布片，用這樣的紙型會非常方便，接下來介紹幾種製作紙型的方法。

使用 方格紙

使用方格紙製圖後再剪下來作成紙型。使用這種方法時，原寸紙型及已含縫份的紙型可一次同時製作，也可以俐落地裁布。

1 準備好方格紙與鉛筆、尺、美工刀。

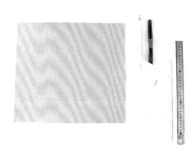

2 於方格紙上繪圖，分別描上原寸大的形狀及在周圍描出外加縫份（0.7cm）的形狀。

如果沒有方格紙而以厚紙板作紙型，一定要利用直尺與三角板確實地畫出直角。

另加縫份的線

原寸線條

3 描好形狀。

4 以美工刀割下來。先割下原寸的形狀，再沿著外加縫份的線條割下。

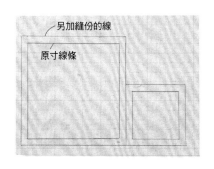

5 原寸紙型與外加縫份的紙型完成。

6 在原寸紙型上標記布紋線、尺寸、需要的片數等，便於日後作業。

6 製作小的作品或初學者製作，可以把大邊條等部分都事先作好紙型喔！

使用
膠板紙

使用市售的半透明膠板製作紙型，鉛筆也描得上去，也可以用剪刀剪，非常便利。

1 準備膠板紙、直尺、鉛筆。

2 利用膠板紙沒有光澤那面描繪版型，以剪刀剪下來。

3 因為是半透明的，所以可以看到布的圖案，十分方便，裁剪時請記得外加縫份。

利用市售
的紙型

如果市面上剛好有想要的尺寸形狀的版型，不用自己作，直接買來使用也很好，較堅固耐用，可以重複多次使用。

金屬製成的紙型。不論用這紙型來裁切多少片布片都沒問題，已含縫份的紙型，可以一邊確認布料花紋一邊裁切。

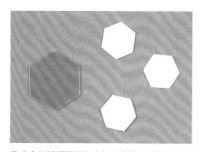

像六角形這類需要在布片後方放上硬紙板，包起來疏縫後再縫合的使用型板的方法，需要很多六角形的硬紙板，此時利用市售的紙型則較方便。（圖片：黃色的是含縫份的紙型用來裁布，白色的則用來放在布片後方包起來疏縫）

標有合印記號時

像醉漢之路這類版型上標記有合印記號，製作紙型時就需要在接鄰的布片上都作上合印記號，另外，布料裁切下來後也要確認記號是否確實地標記在上頭。

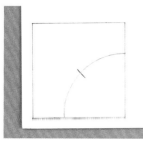

1 繪圖時，各布片還連接在一起時，一起作上合印記號。

2 剪下紙型，各布片上分別有合印記號。

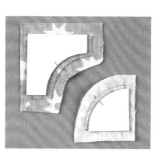

3 依著紙型描繪到布上時，也別忘記標註上合印記號！

布紋&裁布方法

作好紙型後，接下來就是裁布了！也要先瞭解布紋與裁布的知識喔！

● 標有合印記號時

布有經緯兩邊之分，布紋指的就是方向，斜的方向稱為斜布紋，較具有伸縮性，裁布時，請先注意要對齊哪個方向的布紋線，不過，如果需要取花紋的話，就只能以花紋為優先，而忽略布紋方向了！

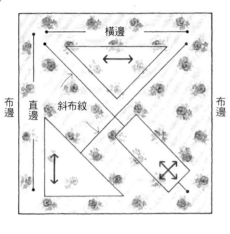

布紋記號

↕ 直布紋　←→ 橫布紋

✕ 斜布紋

● 對齊布紋的方法

一般來說區塊的四周會對齊布紋（與直邊或是橫邊方向相同的意思），這樣伸縮性較小不易變形，作品會比較漂亮。另外，如果大邊條與小邊條的長邊對齊橫邊，作起來會更漂亮。

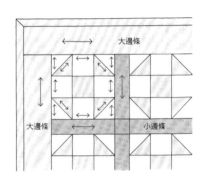

● 試著以相同圖案及同一塊布，改變布紋方向…

有直角的兩邊對齊布紋線

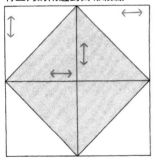

三角形的長邊對齊布紋線

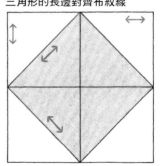

布片的平行邊對齊布紋線

布片的對角線對齊布紋線

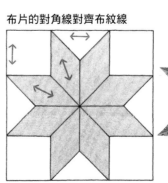

裁布

紙型作好了，也選好了布料，就要開始畫上記號裁布了！畫記號之前，布請先下水後再燙平，在不易滑動的砂板面上作好記號裁布，另外，相同形狀的布片一次一起製作裁剪，效率比較高，描繪記號可從鉛筆、記號筆中選擇自己覺得便於使用的工具。

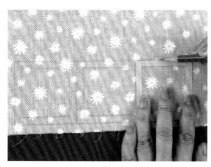

1 在布的背面繪製記號，把布的背面朝上放在砂板面上，依照原寸及外加縫份的紙型描繪記號，要裁剪多片的時候，畫記號時盡量減少裁剪線，接著畫下去，效率較高。

2 畫好記號。

3 裁剪成長條狀之後再剪成小片小片狀。

4 這樣就剪好一片含縫份的布片了！

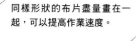

同樣形狀的布片盡量畫在一起，可以提高作業速度。

六角形

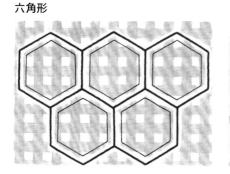

三角形

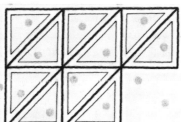

菱形

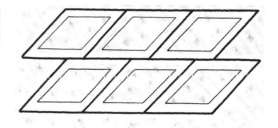

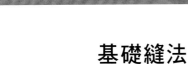
基礎縫法

一起學會縫製前的準備到縫製的方法吧！小片拼接會用到平針縫與捲針縫，平針縫時，會以從記號縫到記號的「鑲嵌縫法」或從布邊縫到布邊的「分割縫法」，從縫份的倒向選擇縫法。不論哪一種縫法，都要在始縫點與止縫點處回針，避免縫線鬆開。

線的長度

約 40 至 50cm

縫線大約40至50cm的長度最為適合。

打結

1 將針與線放在手指上。

2 線繞針兩圈。

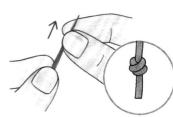

3 以手指壓住捲著的線，維持這個姿勢再抽出針。

打結

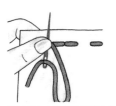

1 將針抵在止縫點的縫線末端，以手指壓住。

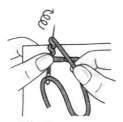

2 繞線兩圈。

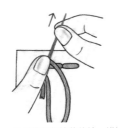

3 以手指壓住捲著的線，維持這個姿勢抽出針。

4 只要留2至3mm的線。剪掉多餘的縫線。

別上珠針的方法

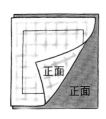

正面

正面

1 將要縫合的布片正面相對。

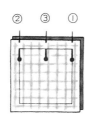

② ③ ①

2 確認布片的記號，在①與②處，從直角處穿入珠針，再於中間③處的地方穿入珠針。

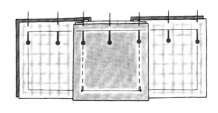

為了不讓接合縫線的直角位移，一定要別上珠針固定。

平針縫

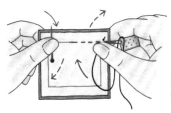

1 右手拿針，左手移動布料。

2 縫到最後拉出針，左手整理縫線。

● 回針縫

開始縫合

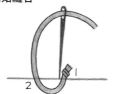

1 針從1入2出，再從1穿進去。

2 從2穿出來。

回針

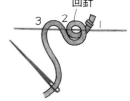

3 於3處將針穿入，繼續進行平針縫。

結束縫合

回針

同樣再回一針。

● 止縫法

在完成線上從記號縫到記號的方法，始縫點與止縫點都要回一針，縫份倒向交錯，圖案外圍處則要縫到布邊為止。

1 從記號的直角處入針，挑縫1針。

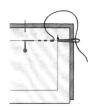

2 回到記號的直角處，回一針之後再繼續往下縫。

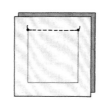

3 最後再回一針。

● 分割縫法

從布邊縫到布邊的方法。縫份上的交接點較少的圖案或是縫製圖案外圍時所使用的縫法。

1 從記號前1至2針處入針，挑縫1針。

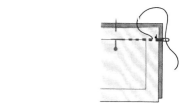

2 回一針，繼續往下縫製，一定要在直角處入針。

直角處入針

3 最後在直角處出針，繼續縫到布邊為止，回一針。

● 包邊壓縫

蓋住縫線的摺法，稱為包邊壓縫。

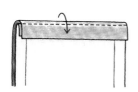

為了不讓接合的縫線露出來，將縫份摺入0.5mm。

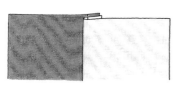

從正面看不到縫線

● 捲針縫

（此處以放入紙板後疏縫的兩片六角形布片說明）

1 兩片布正面相對，從尖角處前2至3針處入針，往自己的方向出針。

2 第一針穿過縫份中間，將結藏在裡面。

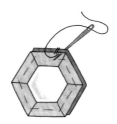

3 布正面相對，在布片摺線處入針，捲一圈，再回到尖角處。

4 依照相同方式縫到下一個尖角處。

5 縫到尖角之後回2至3針，打結。

1. 九宮格❶ NINE PATCH

將正方形分隔成九等分，
即為最基本的人氣圖案，
只需要縫合直線就能完成，
非常適合初學者挑戰。

製圖

$\frac{1}{3}$

正面

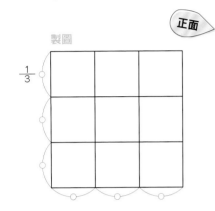

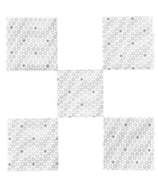

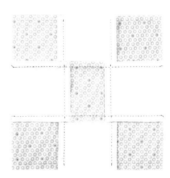

縫法重點

以從布邊縫到布邊的「分隔縫法」縫合布片時，「分隔縫法」適用於布片重疊部位較少的圖案。

Process

② ③ ①

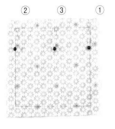

反面

縫製順序

⟷　從布邊縫到布邊「分割縫法」

⟷　從記號縫到記號「止縫法」

❶

❷

1 兩片布正面相對，確認兩片布上的接合記號，以珠針固定完成線的兩端之後，於中間再別上另一根珠針。

2 從記號往前1至2針處入針，回一針到起始端點後再繼續往下縫，最後一針也要回針。

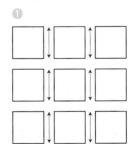

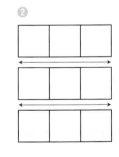

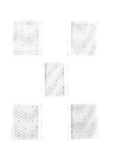

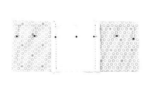

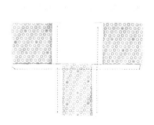

3 縫好兩片之後，以熨斗將縫份倒向一側。

4 依照相同方法縫好第三片，相同布片製作三組，每一組的縫份倒向交錯。

5 第一組與第二組布片正面相對，縫合。

6 縫份倒向一側。再依照相同縫法縫合第三組，縫份倒向一側（完成作品請參考上圖）

九宮格❷ NINE PATCH

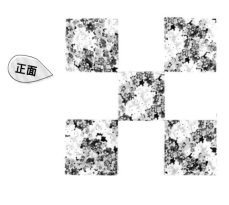
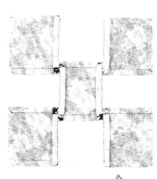

正面

反面

縫法重點

這裡用的是記號縫到記號的止縫法，布片接合處的縫份則是像風車似的交錯倒向，這樣可減少縫份重疊造成的厚度，作品更顯精緻，只有圖案外圍是從布邊縫到布邊。

Process

1 兩片布正面相對，從記號處縫到記號處，始縫點和止縫點都要回一針。

2 再依照相同方法縫合一片，相同布片組製作兩組，以熨斗整燙將縫份倒向一側。

縫製順序

❶

❷

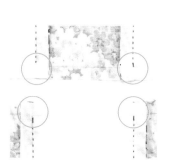

3 再依照相同的方式製作第三組，遇到圖案最外圍的線條從布邊縫到布邊，每一組的縫份倒向相互交錯。

縫到記號處。

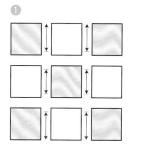
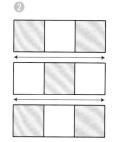

4 第一組與第二組的布片正面相對，從布邊縫到布邊，縫份倒向相互交錯。

縫份倒向交錯的樣子。依照相同的方式縫合第三組，縫份倒向也要交錯。（完成作品請參考上圖）

2. 沙漏 HOURGLASS

這個圖案為計算時間的沙漏，
雖然簡單但是一個可以享受配置樂趣的圖案。

正面

反面

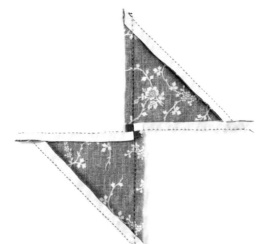

縫製重點

縫合直角三角形的斜邊，請
注意不要讓布料因為伸縮而
變形。中心部分採取記號縫
到記號的縫法，外圍則是從
布邊縫到布邊。

Process

1 縫合兩個三角形製作成一個正方形，兩片
布正面相對，別上珠針固定，若為斜布
紋，請注意不要讓布料因為伸縮而變形。

2 始縫點跟止縫點都要回一針，從布邊縫到
布邊縫合。

3 以熨斗整燙讓縫份倒向一側。

4 剪掉多餘的布邊。

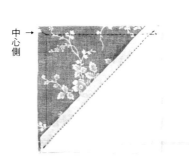

中心 →
心
側

5 兩片正方形布片的正面相對，縫合成長方
形，中心側縫到記號處。

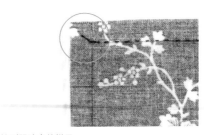

縫到記號處的樣子。

製圖

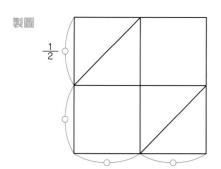

$\frac{1}{2}$

縫製順序

 ❶

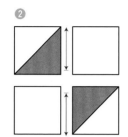 ❷

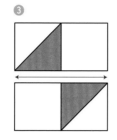 ❸

VARIATION

A

將4片沙漏的圖案朝同方向擺放縫合，選擇不同的花紋布，製作時特別有趣。

B

將4片圖案換個方向縫合，中心四方形的部分，如果改用其他花紋布製作，又可呈現不同的感覺。

6　將縫份倒向只有一片的縫份一側。

正面。

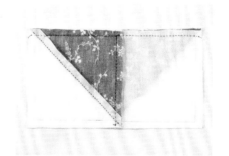

7　依照相同方法再縫合一組，兩組布片正面相對，從布邊縫合到布邊。

中心部分如圖。

8　縫份相互交錯。（完成作品請參考左上圖）。

21

3. 熊掌 BEAR'S PAW

如其名，非常獨特的熊掌圖案，
大大的正方形是手掌，三角形則是表現爪了的模樣。

正面

反面

縫製重點

製作四片由兩片三角形組合
而成的正方形，縫合起來變
成一個大的正方形。縫份倒
向爪子或是手掌側，所有布
片縫合全都是從布邊縫到布
邊。

Process

1 製作由兩片三角形組合而成的正方形。首
先兩片布正面相對，始縫點跟止縫點都要
回一針，從布邊縫到布邊。

2 以熨斗整燙讓縫份倒向一側，裁剪多餘的
布邊。

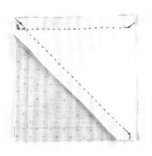

3 將正方形布片正面相對，從布邊縫到布
邊。

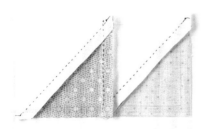

4 縫份倒向一側。

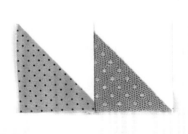

正面。

5 大正方形的布片正面相對，從布邊縫到布
邊。

製圖

$\frac{1}{3}$

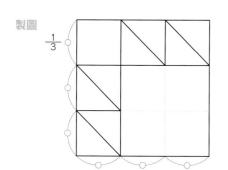

VARIATION

A

手掌部分選用大型花紋效果會更好，而爪子的部分則選擇含有爪子相同顏色的花紋，使整體協調。

縫製順序

  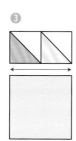  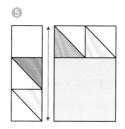

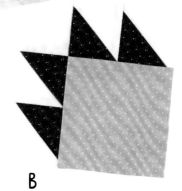

B

爪子部分選擇讓人印象深刻的特殊花色，而手掌部分則以小圓點襯托。

6 縫份倒向大正方形側。

正面。

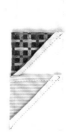

7 與1・2相同的方式製作兩片正方形布片後，與另一片布正面相對，從布邊縫到布邊，縫份倒向一側。

正面。

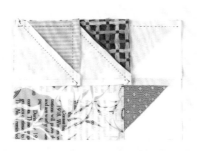

8 6跟7的布片正面相對，從布邊縫到布邊。

9 縫份往大正方形一側倒。（完成作品請參考左上圖）。

4. 三角形 TRIANGLE

連結許多正三角形而成的one patch圖案。
one patch指的是以單一紙型縫合而成的作品，
雖然簡單，但是可享受配色過程中樂趣的圖案。

正面

反面

縫製重點

以橫向逐漸縫合而成。縫合
三角形斜邊請注意不要因
為布料的伸縮性而導致變
形，所有縫合處全都是從布
邊縫到布邊。

三角形的單邊為6cm

Process

1 準備好相鄰接合的布片。

2 兩片布正面相對，以珠針固定。

3 始縫點與止縫點都需回一針，從布邊縫到
布邊。

4 以熨斗整燙使縫份倒向一側，剪去多餘的
布邊。

5 步驟4中完成的布片與下一片布正面相
對，從布邊縫到布邊。

6 以熨斗整燙使縫份倒向一側，剪去多餘的
布，完成第二層。

製圖

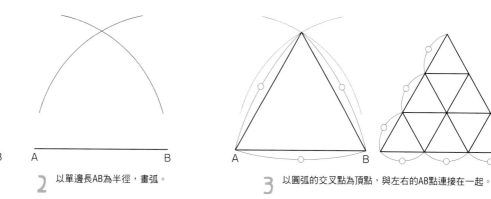

1 畫一條三角形的單邊長AB。

2 以單邊長AB為半徑,畫弧。

3 以圓弧的交叉點為頂點,與左右的AB點連接在一起。

縫製順序

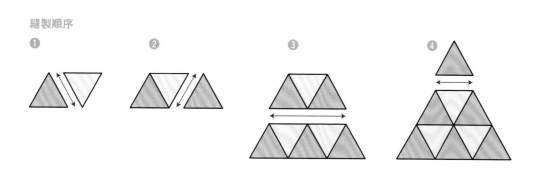

❶　　　❷　　　❸　　　❹

7 依照相同方法縫合第三層,縫份與第二層的縫份倒向交錯。

8 步驟6與7的布片正面相對,從布邊縫到布邊。

9 第二層及第三層縫製完成,以熨斗整燙使縫份倒向一側,剪去多餘的布邊,再依照相同方法縫合最上層的三角形。(完成作品請參考左上圖)

VARIATION

所有的三角形布片花色都不同,但以色調統一圖案的整體性,營造出可愛的感覺。

5. 檸檬星 LEMONSTAR

縫合8片菱形布片製作而成的檸檬星圖案，
在所有星形圖案中是十分受歡迎的一款。

正面

反面

縫製重點

先從中間的星星開始縫合，
然後以插角拼接法縫上外圍
布片，需注意小片拼接時會
使用到布邊縫到布邊或是記
號處縫到記號處兩種縫法。

Process

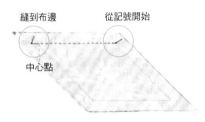

縫到布邊　　　從記號開始

中心點

1　將相鄰的菱形布片正面相對，外側從記號
開始縫，縫到中心點的布邊處。

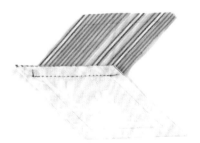

2　以熨斗整燙使縫份倒向一側，製作兩組。

從記號縫到記號

3　以記號縫到記號的方式縫合兩組布片，縫
份統一倒向一側，剪掉多餘的布邊。

4　以相同方式再縫合一組到步驟3作好的布
片上，布片正面相對，從記號縫到記號。

5　中間的縫份像風車似的統一倒向同方向。

中間縫份的倒向。

製圖

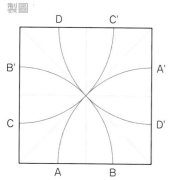

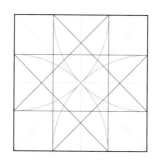

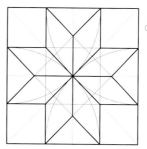

1 畫一個正方形，並畫出對角線以及等分各邊的直線，再以直角到中心點的距離為半徑，畫四條弧線。

2 如圖分別連結正方形與弧線的各交接點。

3 畫出布片的輪廓，擦掉其他不需要的線條。

縫製順序

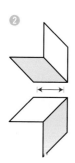

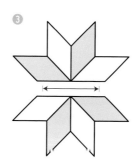

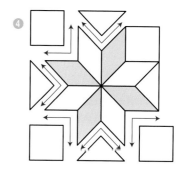

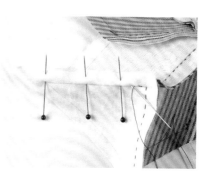

6 三角形布片與步驟5所作好的布片正面相對，以珠針固定布邊及角的部分。

7 從布邊開始縫合，縫到尖角處，避開縫份從下一個菱形布片的尖角處出針。

8 再以珠針固定接下來要縫合的邊，縫到布邊。

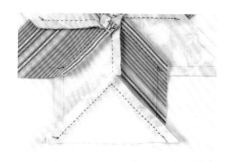

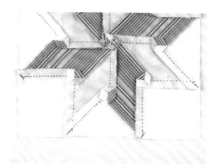

縫好的樣子，這樣的縫法稱為插角拼接法。

9 再依照相同的方式縫合其他的三角形、正方形布片。

10 縫份如圖統一倒向同方向。（完成作品請參考左上圖）

27

6. 醉漢之路 DRUNKARD'S PATH

有著醉漢之路這樣獨特名字的圖案，
以四分之一圓為基本形狀作拼接，
改變配色就能展現出不同的設計特色。

正面

反面

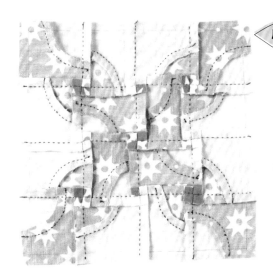

縫製重點

縫合圓弧形布片的圖案，要
在縫合的布片上作好合印記
號，可以別上多一點珠針固
定再進行縫合。

Process

1 準備製作紙型時，也
要標註上合印記號。

2 準備好相鄰的兩片布片，先畫
好合印記號，圓弧處的縫份留
少一點（約0.5cm左右）會比
較好縫。

3 兩片布正面相對，以較密
的間距別上珠針，別到合
印記號處為止。

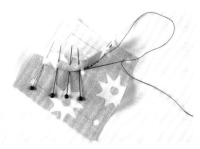

4 始縫點處回一針，縫到布邊處，縫合圓弧
處時，盡量把它當成直線，以細密的針目
縫合，縫到合印記號後，就可以拔掉珠
針，再別到下一個記號處。

5 縫到布邊，最後一針回一針，以熨斗將縫
份倒向一側。

6 正面側，製作這樣的區塊8片，對比配色8片，
共16片。

縫到布邊　　　從記號處開始

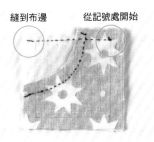

6 各區塊縫合四組為一層，共作四層，只有
第一層與第四層的外圍縫合時需要縫到布
邊，其他皆以記號處到記號處的方法縫
合，縫合右頁的AB。

製圖

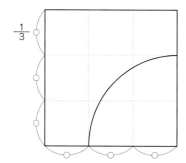

縫製順序

①

②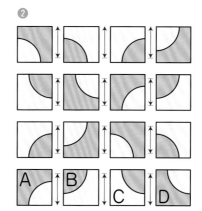

A　B　C　D

③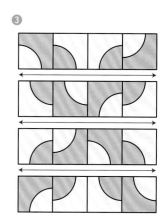

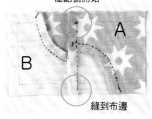

從記號開始

A

B

縫到布邊

7 以熨斗整燙使縫份倒向一側。

A

B

正面。

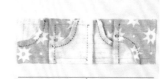

第　層與第四層

碰到外圍的部分（縫到布邊）

8 依照相同方法縫合C、D，與7的布片縫合，第一層與第四層就製作好了！

第一層與第二層

9 注意區塊圖案的方向，縫合第二層、第三層（從記號縫到記號）

10 準備好第一層與第二層，確認區塊圖案方向。

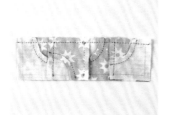

11 兩片布正面相對，從布邊縫到布邊。

12 縫份相互交錯，第三層與第四層也依照相同的方式縫合。

13 將第一層‧第二層與第三層‧第四層的布正面相對，從布邊縫到布邊，縫份相互交錯。（完成作品請參考左上圖）

29

7. 六角形 ❶ HEXAGON

連結許多六角形而成的one patch（單一紙型）圖案。
中間配上黃色與紅色，外圍則像是盛開的花朵包圍著，
因此這個圖案也稱為「祖母的花園」

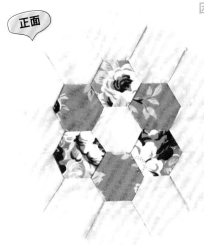

正面

反面

縫製重點

縫合兩款六角形布片，以平針縫從記號縫到記號，類似插角拼接的縫法，掌握竅門就能簡單地縫製完成。

六角形的單邊為2cm

Process

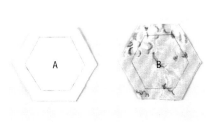

1 準備好相鄰的兩片A · B布片。

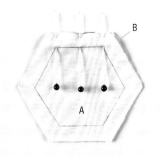

2 布片AB正面相對，以珠針固定。

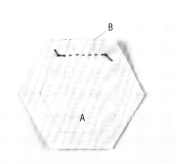

3 始縫點與止縫點都需回一針，從記號縫到記號。

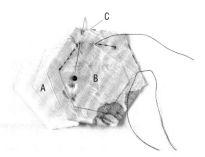

4 布片B與C正面相對，在下一個尖角處別上珠針，回一針，從記號處開始縫合。

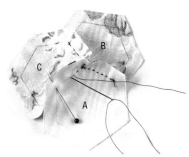

5 到了轉角處，避開縫份，從C的尖角處出針，將珠針別在A跟C下一個尖角處，縫合下一道線。

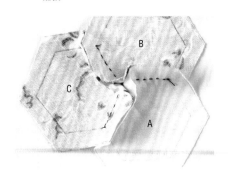

避開縫份縫合的樣子。這樣的縫法，就像是把C插接縫合在AB之間稱為插角拼接。

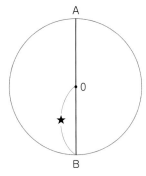

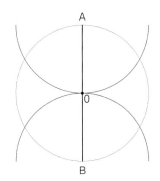

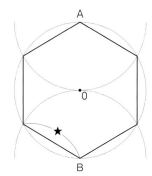

1 以六角形的一邊為半徑畫圓，畫一條通過圓心的直線。

2 分別描繪出以直線與圓交接的AB兩點為圓心畫弧。

3 連接圓上的所有交點成六角形。

縫製順序

❶

❷

❸

❹

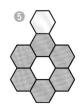
❺

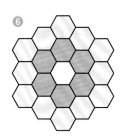
❻

6 以熨斗整燙縫份，如風車似地倒向同一邊。　　正面。

7 依相同方法繼續插接拼接下一片布片。

8 縫好了A的外圍一圈，整燙縫份成風車倒向。　　正面。

9 將第二層的第一片與第一層的布正面相對，從記號處縫到記號處。

10 依照相同方法繼續插接拼接下一片布片，縫好第二層。（完成作品請參考左上圖）

六角形 ❷ HEXAGON

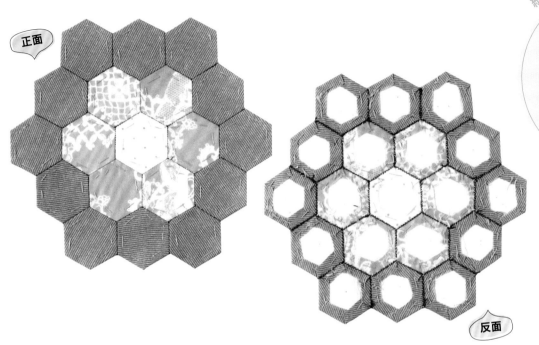

正面

反面

使用型板的方法，就是在布片後放上硬紙板（完成尺寸），包起來疏縫後再以捲針縫縫合的方法，需先用圖畫紙或是不要的碎紙片作好足夠數量的紙板。

Process

1 於布片背面的中央放上紙板，以珠針固定。

2 將縫份往內摺，疏縫固定，請仔細地將縫份摺好，才能摺出漂亮的轉角。

正面。

3 2片布正面相對，從記號處到記號處以捲針縫縫合。（參考P.17）。

4 縫合一邊之後再往回縫，交錯縫線再以捲針縫縫一次。（如果以較細針目縫合的話，就可以不需再往回縫）

5 兩片接合的樣子。

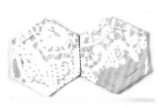

正面。

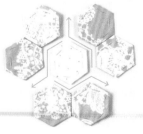

6 製作好三組之後，再縫合最中央的一片，全都縫好之後再把紙板拿掉。（完成作品請參考上圖）。

小木屋 ❶ LOGCABIN

會讓人想起西部開拓時期的獨棟木屋的小木屋圖案。
正中心象徵爐火，所以多會選用紅色或黃色系的布片，
製作方法簡單，也可以設計出許多變化，是很受歡迎的一款圖案。

 正面

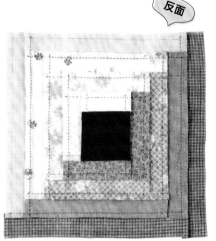 反面

圖案尺寸為20×20cm。

製圖 1/10

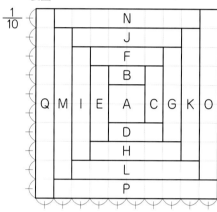

```
        N
        J
        F
        B
Q M I E A C G K O
        D
        H
        L
        P
```

Process

1 將B疊在中心的A上，始縫點跟止縫點都要回一針，從布邊縫到布邊。

2 以熨斗整燙縫份，倒向一側。

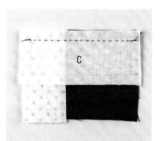

3 步驟2作好的布片與C的正面相對縫合，從布邊縫到布邊，縫份倒向一側。

4 依照相同方法繼續縫合下一片布片D。

5 依照相同的方法縫合下一塊布片E與步驟4中作好的布片。

6 製作到第三層。

7 縫份倒向一側。

8 依照相同方法縫合第四層、第五層。（完成作品請參考上圖）。

33

小木屋 ❷ LOGCABIN

正面

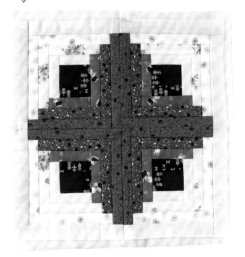

反面

縫製重點

在作為基底布的鋪棉與裡布直接縫上布片的「加壓式拼被」技法，縫合時也一起作壓線，所以比一般的拼布作法速度快很多，是這種作法的魅力所在。

Process

1 在比完成尺寸大一點點的鋪棉上畫對角線，與裡布對齊，四周疏縫固定，正中心的布片的直角對齊對角線之後，疏縫固定。

2 步驟1的布片與下一片布片正面相對，始縫點跟止縫點都要回一針，穿過3層從布邊縫到布邊。

縫好的樣子。

3 翻回正面。

4 步驟3的布片與下一片布片正面相對，從布邊縫到正中央布片的布邊。

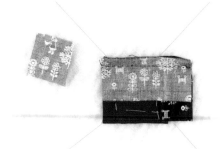

5 剪掉多餘的布邊。

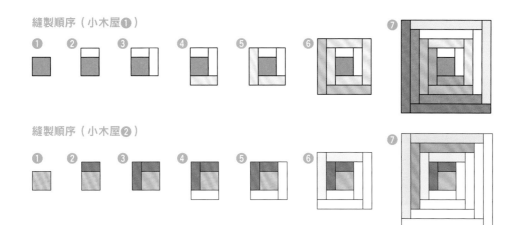

縫製順序（小木屋❶）

縫製順序（小木屋❷）

6　依相同順序縫合。

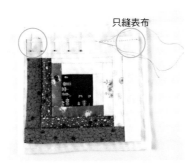

7　最外層的四個角落，只需縫到表布。

避開鋪棉與裡布，只縫表布的樣子。

只縫表布

8　縫好一組圖案。

9　將兩片縫好的圖案布正面相對，避開鋪棉與裡布，從布邊縫到布邊，只挑縫表布。

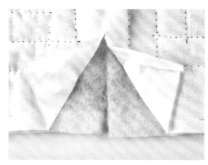

10　鋪棉不要重疊，依照完成線剪齊鋪棉。

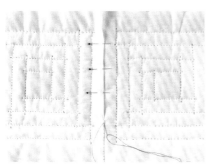

11　裡布重疊，將單側縫份摺入，以藏針縫固定。

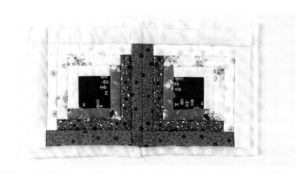

正面側，依照相同方式再製作一組，接合兩片。（完成作品請參考左上圖）。

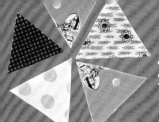

1. Yo-Yo球 Yo-Yo

非常簡單，只要縮縫圓形的布片就能作成的Yo-Yo，
作好一個之後，作為裝飾或一次製作多個，
全部接合在一起也非常可愛！

正面

反面

Process

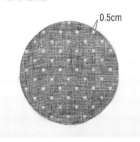

0.5cm

1 選好喜歡的圓形大小，外加縫份（0.5cm）之後裁下。

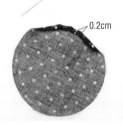

0.2cm

2 一邊摺入縫份，一邊沿著布邊0.2cm處以平針縫縮縫。

縫製重點

在圓形外加縫份後裁下，縫份摺入縮縫。縫份越少，作起來會更漂亮，最後重疊一針再結束。

3 縫好一圈之後，與一開始的始縫點重疊一針之後，用力拉扯縫線，打結固定。

4 完成一片。

5 依相同方法作好的Yo-Yo，正面相對，以捲針縫（請參考P.17）接合。接合3個之後再繼續接合下一層。

除了拼接布片之外，還有其他好玩的技法喲！
接下來介紹簡單就能作成的Yo-Yo及立體的泡芙&
貼布縫中最受歡迎的夏威夷拼布&蘇姑娘圖案等有趣的技法。

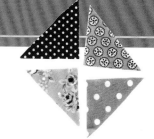

2. 泡芙 PUFF

立體的泡芙，打褶的表布與基底布縫合，
塞入棉花，常常會用來製作抱枕
或是坐墊等家飾用品，並常用於製作嬰兒物品。

正面

反面

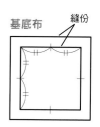

基底布　縫份

表布　縫份

褶份（隨意）

Process

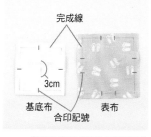

完成線

3cm

基底布　表布
合印記號

1 準備畫好完成線跟合印記號的
基底布與表布，先在基底布的
中央點剪開一個開口用來塞棉
花。

2 基底布與打褶的表布反面相
對，以珠針固定，以疏縫線在
完成線外側粗縫固定。

從正面看的樣子，打褶處一定要縫到
才能確實固定褶份。

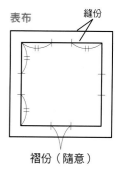

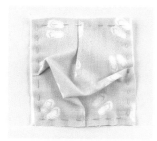

3 一整圈縫好的樣子。

4 依照相同方法再縫好一片，兩
片布正面相對，沿著完成線縫
合。

5 翻到裡側，燙開縫份。

6 縫合好需要的片數之後，從開
口塞入棉花，再以藏針縫縫合
開口。

37

3. 夏威夷拼布 HAWAIIAN QUILT

貼布縫

起源於夏威夷，大型的貼布縫拼被。
摺疊布料，剪成對稱的土圖，
貼布縫上基底布再壓線則為波浪壓線拼被，
具有在主圖的四周像漣漪一樣地往旁邊散開的設計特點。

縫製重點

貼布縫布片請小心地配置於
基底布上，並仔細疏縫及縫
製，一邊以針的尖處把縫份
摺入，一邊縫製固定。

圖案完成尺寸26 × 26cm。

Process

1 準備好基底布與貼布縫布片、貼布的紙
型，將貼布縫布片摺成四等分，以熨斗燙
平。

2 在摺成四等分的貼布縫布放上紙型。

3 以布用記號筆描繪圖樣，裁布之前先疏縫
固定，避免布料移動。

4 沿著線直接裁剪摺成四分的布料。

5 將基底布摺成四等分整燙後，沿著摺線擺
放好貼布縫布片。

6 拆掉疏縫線，依基底布的摺線，將貼布縫
布片擺好一半。

原寸紙型
（作品請參考P.87，作法則請參考P.88）

貼布縫

貼布縫與小片拼接都是拼布
的常用技法，可以自由設計
喜歡的裝飾圖案，讓貼布縫
一直以來都很受到喜愛，接
著介紹貼布縫中的夏威夷拼
布及蘇姑娘。

7　勿使布料的位置偏移，再擺上另外一半。

8　以珠針將貼布縫布片固定在基底布上。

9　從中心往外，整個作疏縫。

10　從前端開始藏針縫固定。

一邊將縫份（這裡約為0.3至0.4cm）往內摺，
一邊縫製固定（貼布縫方法請參考P.41）。

11　全部縫好後，完成表布。

4. 蘇姑娘 SUNBONNET SUE

貼布縫

戴著大大帽子的女孩——蘇姑娘，
是穿越時代一直受到喜愛的貼布縫圖案。
一層一層往上疊的貼布縫方法，
可以選擇帽子跟衣服的配色，非常可愛！

圖案完成尺寸18×18cm

縫製重點

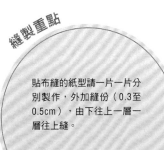

貼布縫的紙型請一片一片分別製作，外加縫份（0.3至0.5cm），由下往上一層一層往上縫。

Process

1 準備圖案及膠板紙、布用記號筆。

2 在圖案放上膠板紙，描繪圖案，將每一個部分逐一剪下。

3 把已剪掉紙型圖案的膠板放在基底布上，描出欲縫上貼布縫的位置。

4 使用步驟2的布片，在布的正面一側描出線條，外加縫份（0.3至0.5cm）後裁下。

外加縫份後裁下的布片。

5 一邊摺入縫份一邊縫製腳的部分，跟其他布片重疊到的上緣先不用縫。

6 接著縫上緞帶的布片。

7 接著在腳部上面疊上衣服的布片縫製。

8 依序縫上圍裙、手、袖子，最後縫上帽子。（完成作品請參考上圖）

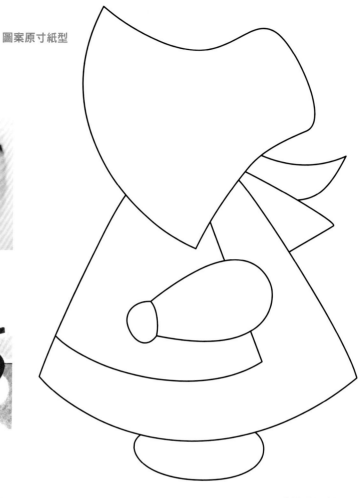

圖案原寸紙型

貼布縫

以立針縫縫製固定，使正面不易看見縫線。

1 以針尖處將縫份往內摺。

2 以手壓好摺進去的縫份。

3 將針穿入，進行縫製。

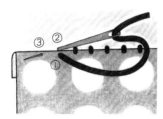

立針縫

尖角部分

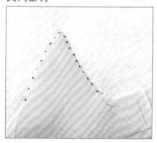

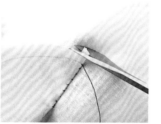

1 一邊摺入縫份一邊縫製固定，縫到尖角的尖端處就先暫停，剪掉多出的縫份。

摺入

2 為了讓尖角的縫份平整，再將縫份往內摺一次。

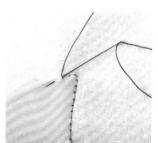

3 在尖角的尖端處入針，摺入另一側的縫份，繼續縫製。

內凹V弧線部分

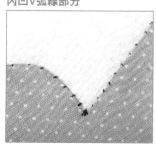

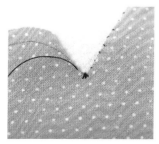

1 在內凹V字處剪牙口，深度剛剛好接近完成線。

2 剪牙口的部分幾乎已經沒有殘留的縫份，所以在此處需重複縫2至3針，然後繼續往下縫。

41

學會基礎拼布作法後，就來試著挑戰拼被吧！初學者也能製作的四方格圖案，
是用來製成沙發披巾或小布墊尺寸都很適合的拼被作品。
一邊製作作品，就能理解表布的製作方法、疏縫、壓線、
邊緣處理等基本的拼布製作技巧。

製作拼被的基本順序

1. **表布製作** P44
2. **描繪壓線線條** P49
3. **疏縫** P50
4. **壓線** P52
5. **邊緣處理** P55

材料
紅色印花布（包含邊條用布）…110×80cm
紅綠格子布・粉紅圓點印花布…各90×30cm
奶油色印花布…90×60cm
裡布…110×110cm
鋪棉…100×100cm
包邊用布…4×340cm（不夠長的話可接合）

需要的布片數量

 ×50片　 ×25片

 ×24片

×25片

其他邊條布　包邊布

> 🔵 **關於需要的布片數量**
> 各布片外加縫份後，確實地算出需要的數量，就能知道大概會用到多少布
> 料，請再多加一些分量較為保險。（如果需要對合花紋，更需要多留一些
> 布料）。鋪棉只需比完成尺寸多5至10cm，而裡布則需多留10cm左右。

> 配置圖：畫有拼被表布尺寸圖
> 樣，可供製作者理解整體的圖
> 樣結構。

壓線配置圖

布片的邊
緣處落針
壓線

四方格圖案

82

82

壓線原寸圖樣

43

1. 表布製作

參考縫法的基礎知識（P.16～），進行小片拼接後作成表布。
製作25片四方格圖案，縫合24片單片布片與邊條布，
製作成表布。

想要確認基本縫法的時候，請參考從P.16開始的「基礎縫法」。

1 準備四片四方格布片。

2 兩片布正面相對縫合，靠近圖案中心的一側則從記號處開始縫。

從記號處縫到布邊的樣子。

從記號處開始縫

3 縫好後以熨斗將縫份燙向一側。

4 改變配色，製作第二層。

5 兩層布正面相對，從布邊縫合到布邊。

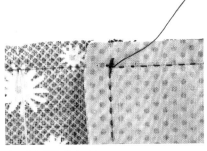

中心的交接點處回一針。

6 縫好兩層。

7 以熨斗整燙，使縫份倒向交錯。

中心的縫份為風車倒向。

8 完成一片四方格圖案，依照相同方式製作25片。

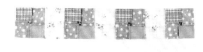

9 與接下來的單片布片,以從記號處縫到記號處的方式縫合,縫份倒向單片布片一側。

正面。

10 四方格圖案與單片以交錯的方式縫合,總共需縫7組,製作橫列,縫份倒向單片布片一側。

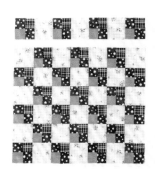

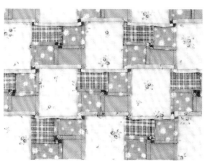

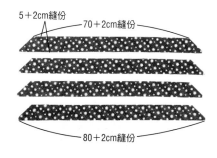

5＋2cm縫份

70＋2cm縫份

80＋2cm縫份

11 依照配置圖縫合布片,製作七層,依照順序,全部都以從布邊縫到布邊的方式縫合。

12 四方格與單片布片的交接點,縫份成風車倒向。

13 準備四片大邊條布。

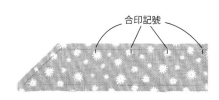

合印記號

14 在反面畫上與步驟12縫合的接合記號。

15 步驟12與13的接合記號對齊之後,以珠針固定。

16 縫合。如圖依序上下左右的順序縫合,最後縫份倒向大邊條布側,表布即完成。

壓線

表布完成後，接著就是壓線了！在表布上畫出壓線圖案，連同鋪棉、裡布一起疏縫、壓線，接著依序介紹壓線使用的工具、描繪記號的方法、疏縫、及壓線的方法。

● 壓線工具

壓線用針

用於壓線，針較細且短，可縫出細緻的壓線線條。

疏縫針

可穿過表布、鋪棉、裡布三層布料，較長的手縫針。

壓線用線

堅韌的壓線用線，也能用於拼接布片。顏色具有多種選擇，請搭配表布選擇適合的顏色。

金屬頂針

上面跟側面都有凹洞，可利用凹洞推針或是抵住針尖往上挑。
（右）上面是平的款式。
（左）上面有凹槽的款式，可以凹槽邊緣頂住針。

真皮指套

套在手指上，會接觸到針尖的部分因為比較危險，所以是兩層的設計。

金屬與橡膠指套

接觸到針尖的部分為金屬材質。

橡膠指套

用於拉拔針時的防滑指套，可以明顯地感受到針的觸感，十分便利。

疏縫線

用來作壓線前的假縫，具有線捲或成束的包裝，可依表布顏色選擇粉紅色或藍色的疏縫線，比較明顯。

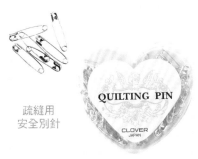

疏縫用安全別針

疏縫之前，用來別住表布、鋪棉與裡布作暫時固定。

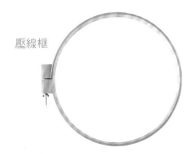

壓線框

壓線時用來固定布料的框，盡量將壓線圖案放在框的中央處，確實地夾好。

另外還有作記號等工具，請見P.8、P.9。

● 鋪棉&裡布

鋪棉具有非常多種類,白色的100%聚脂纖維是最常看到的鋪棉,其中還分成一面有膠,為黏貼面,另一面為不織布,用來防止作品變形的棉襯。另有棉質&有顏色的鋪棉。幅寬約為90至120cm,其中也有大作品專用,不需拼接,寬度就足夠的大型鋪棉,請依想作的作品選擇適用的種類。

化學纖維棉

中等厚度的100%聚脂纖維鋪棉,蓬鬆所以纖維較不緊密,具有分量感,適合用於要營造立體效果的作品,此類鋪棉也有較薄的選擇。

不織布底襯鋪棉

一面為不織布,所以較為緊密,不易變形,針也容易穿過去,是很受歡迎的鋪棉。不易扭曲變形或是鬆開,適用於製作像壁飾這樣的大作品而需要大面積使用的情形。

單膠鋪棉

單面有膠可黏貼於布料上的鋪棉。在布料一側用熨斗熨燙即可黏合,如果製作小型作品,可視情況,貼在布料上直接疏縫,也有兩面都有膠的雙膠鋪棉。

鋪棉接合方法

製作大作品的時候或是鋪棉不夠的情形,就要將鋪棉接合以後再使用。

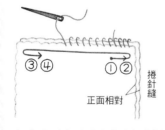

兩片鋪棉正面相對,以輕柔的手法作捲針縫,太用力的話,接合處容易受擠壓而隆起,在始縫點與止縫點前幾針開始縫,達到回針的效果。

打開縫合好的兩片鋪棉,以手輕輕拍打接合處,讓接合處變平坦。

接合方法的範例

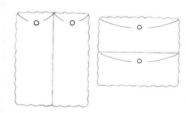

鋪棉總幅寬需寬的兩倍。

若為作品寬度較寬的情形,也可以橫向接合製作。

關於裡布

裡布請選擇不會太厚,且與表布的厚度差不多的布料,如果選用深色布料,請注意可能會透過正面,影響正面的顏色與圖樣,素色或條紋、格子等有方向性的圖案,容易使縫線過於明顯,建議選用沒有方向性、有著小圖案的布料製作。

裡布接合方法

裡布的幅寬不夠時,請接合之後再使用。

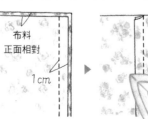

將兩片裡布正面相對,於離布邊1cm處車縫或以手縫接合。

將縫份燙向一側。

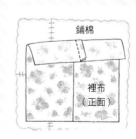

如果鋪棉及裡布都為接合而成,請避免接合處重疊。

壓線圖樣設計

壓線是決定拼布作品呈現印象的重要因素。在穿過表布、壓棉、裡布三層布料同時刺縫時，一邊描繪刺繡圖樣，也可作出陰影效果的質感。有時會依照圖案描繪壓線，有時則全部壓縫連續圖樣等，下列介紹經常使用的壓線設計圖樣。

落針壓線❶

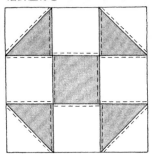

在沒有縫份倒向的那一側的布邊進行壓線，可使圖案或是布片顯得更立體顯目，貼布縫裝飾主題時也會用到。

落針壓線❷

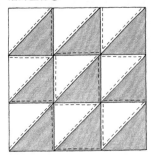

壓縫連續圖案時，基本上也是壓線在沒有縫份倒向的布片側。

輪廓壓線

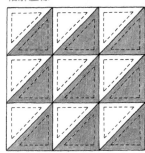

在布片內側0.3至0.4cm處沿著布片的輪廓壓線，用於強調布片或圖案。

區塊壓線

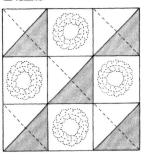

壓線在沒有拼布圖案的布片上。配合拼布區塊圖樣尺寸，依照預先設計好的圖案壓線。

整體壓線❶

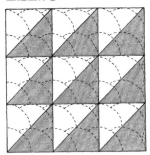

不管拼布圖案，整體作連續的壓線圖樣，讓作品整體的布面平整均勻。

整體壓線❷

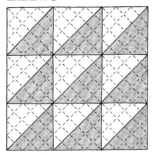

整體壓線常會用到的格紋壓線，對齊區塊的對角線，就能輕鬆地壓出平行的線條，一般來說，如果壓的是斜布紋方向的線條，成品會比較漂亮。

波浪壓線

夏威夷拼布常用的波浪壓線，如同波浪一樣，在主圖的四周壓上等距的波浪線。

大邊條、小邊條壓線

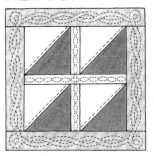

在大邊條、小邊條處壓線，壓縫連續條時，要依照大邊條、小邊條的數目與尺寸調節以符合邊條的長度，轉角處也要花心思設計。

2. 描繪壓線線條

決定好壓線的設計後，在表布上描繪壓線線條，
可依照圖樣描繪，也可直接以直尺等工具直接繪製。

1 準備表布與圖樣及記號筆，完成壓線圖案
需要一段時間，所以建議選用記號不會自
然消失的記號筆。

2 將圖案放在布的反面，以珠針固定好。

3 以記號筆依照圖案描繪，描好後將圖案拿
掉。

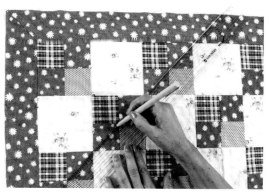

4 直線的圖樣則以直尺與記
號筆直接描繪於表布上，
使用上面有平行線記號的
直尺，會更加方便。

5 在表布上描繪了壓線
線條。

便利的方法

有時表布不夠薄透，無法看到下方的圖樣，或要重複畫好幾個相同圖案時，
不使用記號筆，也不用複寫紙，而是選用薄透的拼布描圖紙及專用筆製作，更加便利。

1 準備薄透的拼布描圖紙及專用
筆。

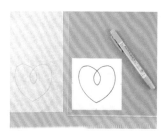

2 將描圖紙放在圖案上（將圖案
夾在透明資料夾內就不會破壞
圖案），以專用筆描繪圖案。

3 將已描繪好圖案的描圖紙放到
表布上，以珠針固定，再以專
用筆描繪一次。

4 這樣就把圖案描到表布上了！
拼布用描圖紙可以重複使用，
使用專用筆或水消筆皆可。

3. 疏縫

在表布上描好壓線線條之後，開始要進入壓線作業時，先把表布、鋪棉、裡布三層疊在一起疏縫，如果疏縫作得不好，裡布可能會產生皺摺或是扭曲，因此請小心仔細地疏縫。

1 將裡布的正面朝下放在桌上或是地板上，四周以膠帶將布料拉緊固定，裁剪裡布，尺寸約比完成尺寸的四周各多20cm左右。（在後面的步驟，會將多出來的邊緣以壓線框夾住。）如果是鋪著進行疏縫，則以別針固定。

2 在步驟1的上方對齊中央部分，放上鋪棉，以手將鋪棉鋪得平整均勻。

3 將步驟2的鋪棉放上表布，平整地貼合在鋪棉上，以手從中心朝外放射性的方向壓平。

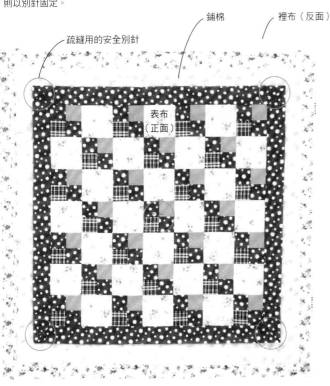

疏縫用的安全別針
鋪棉
裡布（反面）
表布（正面）

4 ○的位置別上疏縫用安全別針，將三層假縫固定，接著依右圖的順序疏縫。

疏縫順序

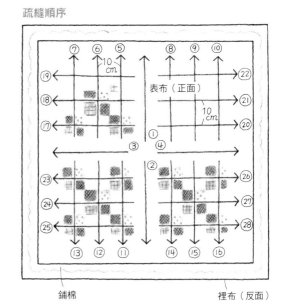

表布（正面）
鋪棉
裡布（反面）

針目大小

1cm
4cm

5 疏縫後拿掉安全別針。

6 將裁得較大的裡布，作三摺邊，包住布邊，以疏縫線疏縫固定，
防止壓線的過程中，布的四周會有脫線的情況。

7 將作品放到壓線框中繃緊，鬆開壓線框的
螺絲，可以拿下內框，放到布的下方，從
上方裝上外框。

8 為了讓壓線作業進行得更為順暢，可以用
手稍微壓一下，稍微製造一點垂墜度。

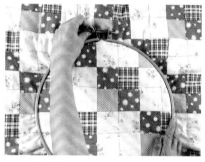

9 鎖緊螺絲。

10 繃緊圓弧外框。

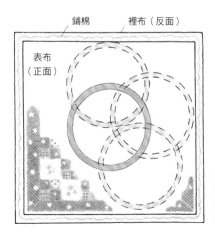

鋪棉　　裡布（反面）

表布
（正面）

壓線的位置要盡量靠近中心，才能
繃緊壓線圖樣，從中心開始往外壓
線，隨著壓線進度再移到壓線框，
繼續進行壓線作業。

4. 壓線

表布、鋪棉、裡布三層一起作疏縫之後，開始壓線吧！壓線除了可以同時穿過三層布料縫製，作得更為紮實之外，同時也透過很多設計圖案表現出縫線的美感，在此將介紹基本的手勢及開始縫製與縫製完成時要注意的事項。

● 帶上指套

指套一般都會帶在接觸針尖的左手中指與推針的右手中指，除了金屬製之外，還有皮質及橡膠材質的指套，請選擇適合自己的種類。

● 壓線的姿勢

坐在椅子上，一側抵在桌緣另一側抵在肚子，盡量讓壓線框保持水平固定，壓線作業才能輕鬆順手，盡量找出舒適不造成身體負擔的姿勢。

● 壓線方法

1 右手拿針穿進布裡，左手托在壓線框下方，以帶著指套的中指頂住針。

2 以左手的指套把針尖推上來，從表面穿出，這樣就是一針了！

3 同樣以右手入針，左手的中指頂住往上推，一次挑3至4針之後再出針。

善用指套就可以輕鬆地完成漂亮的壓線

1 以右手的指套推針，與布盡量呈垂直再入針。

2 左手中指的指套將針尖頂上來，移動右手的指套，挑起一針。

3 再以左手的中指把針往上頂，同上挑縫3至4針。

● 開始壓線

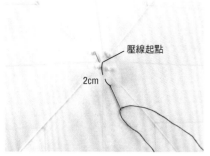

壓線起點
2cm

1 打結之後，先距離壓線起點2cm處入針，往後壓線起點處1針出針。

2 拉線，打結之後拉進鋪棉內。

3 回一針之後，繼續往前縫。

4 挑縫3至4針。

5 拉線，繼續往下縫。

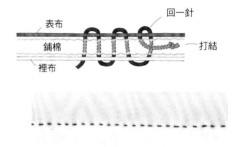

表布
鋪棉
裡布
回一針
打結

理想的針目大小（實際尺寸）

● 壓線終點

1 壓縫到結束位置。

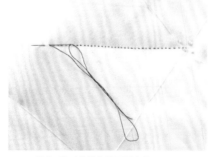

2 最後1針以稍稍大的間距出針。

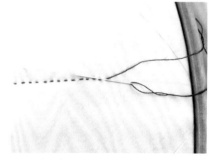

3 將壓線框旋轉180度，如同重疊剛剛的針目，入針。

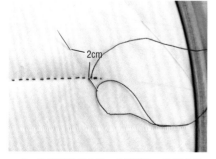

2cm

4 重疊2至3針之後，在距離2cm位置處出針，將線拉入鋪棉中，剪線。

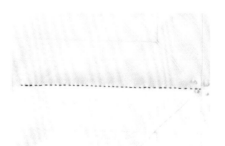

5 起點跟終點都很漂亮。

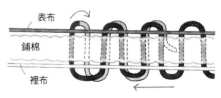

表布
鋪棉
裡布

接下來，試著在作品上壓線吧！

● 依照順序壓線

1 在布片邊緣進行落針壓線。

2 愛心的區塊拼布壓線。

3 全部進行整體壓線。

4 壓線完成。

5 拆開包住布邊的裡布，拆掉全部的疏縫線。

6 依照表布的尺寸修剪多餘的鋪棉與裡布。

5. 邊緣處理

壓線完成之後，就要作邊緣處理囉！處理的方式分成一次處理四邊的滾邊及分別包住每一側的包邊，用來處理周圍的布條，稱之為包邊布，分成平行布紋及斜布紋，可依作品需求選擇適合的布條。

● 外框縫製

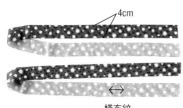

1 準備好包邊布，取橫布紋，裁剪好4cm寬的布條數條。

2 接合成需要的長度（作品的周長＋10至15cm，這裡為340cm）。

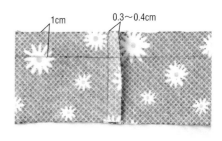

3 縫份倒向一側，描上縫份的寬度，可供縫製時參考。

取斜布條為包邊布時

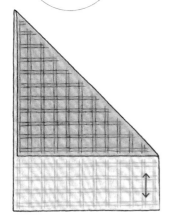

1 沿著45°線摺疊布料。

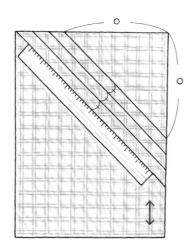

2 沿著摺線，利用直尺畫出等距的平行線，使用標註有平行線記號的直尺較為方便。

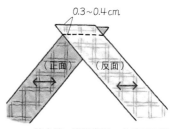

3 縫合時，避開縫份，布條正面相對。

4 縫份倒向一側，剪掉多餘的布料。

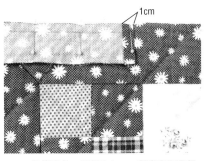

1cm

4 包邊布的一端摺入1cm，與表布正面相對，疊上表布對齊，以珠針固定。

5 始縫點處回一針，開始縫合。

6 縫到轉角處時，保留針為入針狀態，將布條依45°摺到另一側。

7 再摺回來對齊直角。

8 整理好摺份，針從另一邊的尖角處出針。

針從另一邊的尖角處出針的樣子。

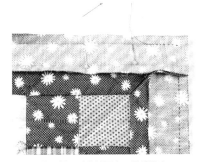

9 回一針，以珠針固定，繼續縫合。

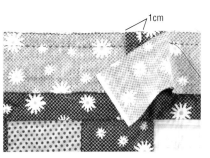

1cm

10 縫好一圈之後，重疊於始縫點摺入1cm的部分，剪掉多餘的布，繼續縫合。

11 把布條翻到裡側，摺入縫份把布邊包起來，遇到轉角依45°摺到另一側。

12 翻到正面確認是否將轉角處的角度摺的漂亮。

13 如果沒有問題，在轉角處以珠針固定。

14 以不要穿刺到正面布的方法藏針縫固定。（縫法請參考P.41）

分別包住每一側的包邊方法

分別包住上下、左右側的方法。

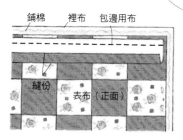

1 將包邊布的正面與表布正面相對，放在上方側，縫合。

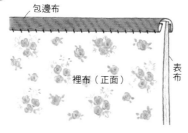

2 將包邊布摺向反面側，摺入縫份後縫合，依相同方式處理下方一側。

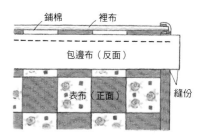

3 左右兩邊則是將兩端多出縫份長度的布條與表布正面相對，縫合。

4 翻回裡側，將多出的縫份摺進來包住布邊。

5 以不要穿刺到正面布的方法藏針縫固定。

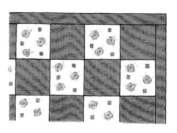

6 完成。

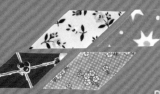

1. 積木 BABY BLOCKS

將六角形分成三等分變化設計而來的圖案，以單一紙型縫合而成的作品，拼布稱為one patch，這也是其中一種。使用插角拼接的技法縫合，與六角形（P.30）很相似，可以參考六角形的作法，以配色營造出立體視覺，十分有意思的設計。

正面

反面

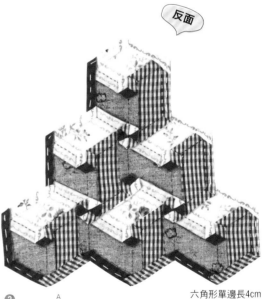

六角形單邊長4cm

製圖

❶ ❷ ❸

描繪六角形（請參考P.31），連接中心與尖角劃分成三等分。

縫法順序

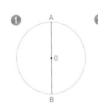

  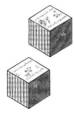  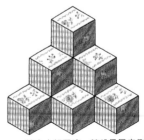

1 兩片布片以記號處縫到記號處的方式縫合。

2 接著縫合下一片布片，以記號處縫到記號處的方式縫合兩邊。

3 依相同方式製作六角形區塊。

4 依照以記號處縫到記號處的方式縫合區塊。

5 縫合六組區塊，縫份呈風車倒向。

從眾多的拼布圖案中，選了幾款簡單就能完成、可愛的設計，
只要稍作變化組合就能衍生出很多不同樂趣，廣受歡迎的圖案，
只要記得各種圖案的縫法，就能享受更多不同的樂趣。

★若無特別說明小片拼接的縫法，請以從布邊縫縫到布邊的「分割縫法」製作。
★P.60至81圖案尺寸18×18cm

2. 水杯 TUMBLER

如同水杯，十分獨特的梯形圖案。也是單一紙型就可完成的one patch設計，one patch就是依個人喜好的尺寸製作單一紙型，只需縫合單一紙型即可完成，非常方便的圖案，適合用於製作小物，作法簡單，所以請運用布的花紋發揮創意變化玩配色吧！

正面

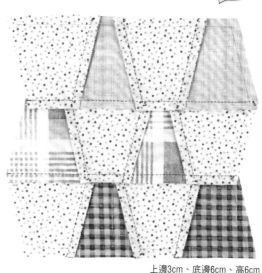

反面

上邊3cm、底邊6cm、高6cm

製圖

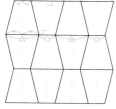

上邊（○）、底邊（△）還有高的尺寸，可自由地改變，感覺就會不一樣。

縫製順序

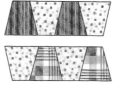

1　準備好兩片布片。

2　依照順序縫合相鄰的布片，縫份倒向交錯。

3　依照相同的方法製作三層。

4　縫合三層之後，縫份倒向同一側。

3. 鐵路柵欄 RAILFENCE

鐵路柵欄就是中間有橫向木條穿過的欄杆。僅以三條長形布條組合成的區塊,交互排列就很有味道的圖案,十分適合初學者製作。配色可使用同色調,也可以嘗試都選用不同的色系組合,可展現獨有的拼布風格。

 正面

反面

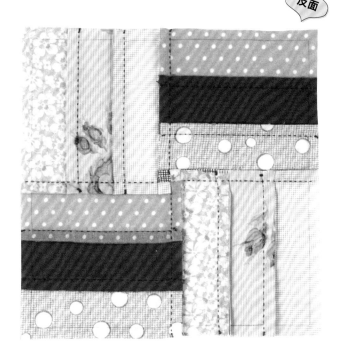

製圖

$\frac{1}{2}$

縫製順序

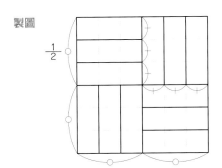

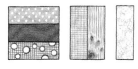

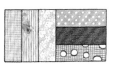

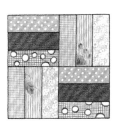

1 準備兩片布片。

2 依序縫合三片布片,縫份倒向同一側。

3 步驟2的圖樣共製作4組,兩兩縫合,從布邊縫到中間的記號處,縫份為上、下層交錯倒向。

4 縫合兩層圖樣,中間的縫份錯開倒向。

4. 搖動木馬 SHOOFLY

單一區塊分成九等分的圖案稱為「九宮格」，具有許多種類，搖動木馬就是其中的一種，簡單的設計 可因配置與配色而營造出趣味感，搖動木馬就是「趕走揮之不去的蒼蠅」的意思。

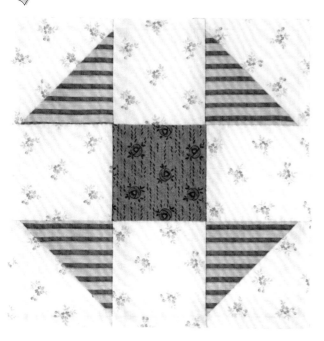

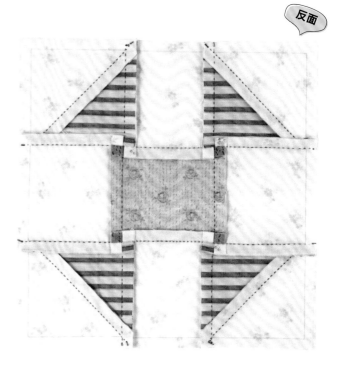

製圖
$\frac{1}{3}$

A B

縫製順序

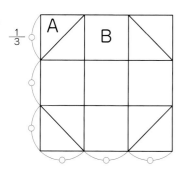

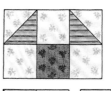

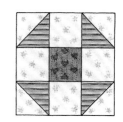

1 準備兩片三角形布片，縫合兩片布片，縫份倒向主圖一側。

2 與相鄰的正方形布片縫合，從布邊縫到中間的記號處，其他外圍側皆由記號處縫到記號處。

3 依照相同方式製作三組，縫份倒向交錯。

4 縫合三組圖樣，布片交接點的縫份倒向交錯。

61

5. 風車 WHIRLWIND

看起來像是被風吹得轉個不停的風車圖案，十分具有動感的圖案，是由兩種紙型構成，實際製作非常簡單，在配色上作變化，便可讓主圖顯得立體顯目，如果一次縫合很多組，看起來會很可愛，也能因配置配色而營造出不同的變化。

正面

反面

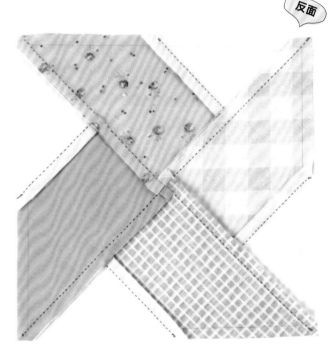

製圖

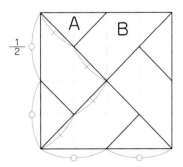

縫製順序

1 準備兩片布片。

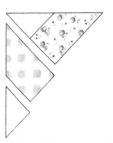

2 縫合兩片布片，總共製作四組，縫份皆倒向主圖一側。

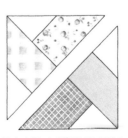

3 縫合步驟2中所製作的兩組區塊，縫到外圍側的話，要縫到布邊為止，中心處則縫到記號處。

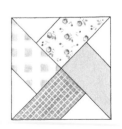

4 縫合步驟3中所製作的兩組區塊，中心處的縫份倒向交錯。

6. 領結 BOWTIE

領結是蝴蝶結的一種，中間打結的部分像領結的模樣，由兩種紙型製作而成，並排在一起的設計十分可愛，又是日常生活中常見的主題圖樣，所以是很受歡迎的圖案，使用「插角拼接」的技法縫製而成。

VARIATION

將不同花紋領結的圖案並排在同一方向，像是收集了許多領結般，讓人心情愉悅。

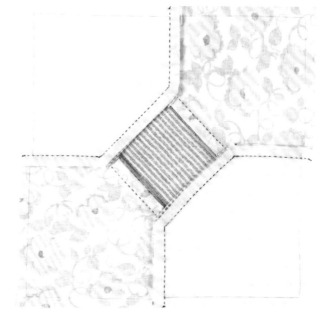

製圖

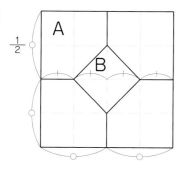

縫製順序

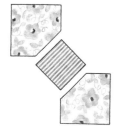

1 準備好中間與旁邊的兩片布片。

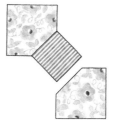

2 從記號處縫合到記號處，縫份倒向中心側。

3 另一側的布片以插角拼接的技法縫合（請參考P.27）。

4 另一片布片也依照相同的縫法，縫份倒向主圖一側。

7. 線軸 SPOOL

這是以針線活兒少不了的線軸為主體設計的圖案，看起來有點困難，其實是利用兩種紙型拼接製作而成的圖案。與蝴蝶領結一樣，利用「插角拼接」的技法縫合，因配色可以營造出流行或是雅致的不同變化。

 正面

反面
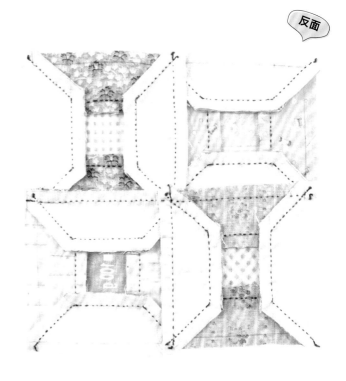

製圖

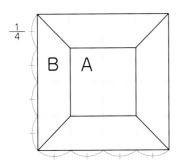

縫製順序

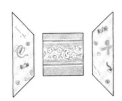
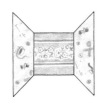

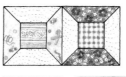
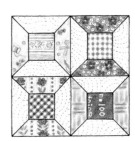

1 準備好中間與旁邊的兩片布片。

2 從記號處縫合到記號處，縫份倒向中心側。

3 上下側的布片以插角拼接的技法縫合（請參考P.27），縫份倒向主圖一側。

4 製作步驟3的4片區塊，兩片兩片各自縫合作成2層，縫份倒向上下交錯。

5 縫合兩層之後，縫份倒向一側。

8. 萬花筒 KALEIDOSCOPE

以三角形象徵閃閃發光的萬花筒圖案，拼接越多片布片，圖樣就變得更加寬廣多變，即使只是簡單地選用兩色搭配，也會因配色而展現截然不同的風格。

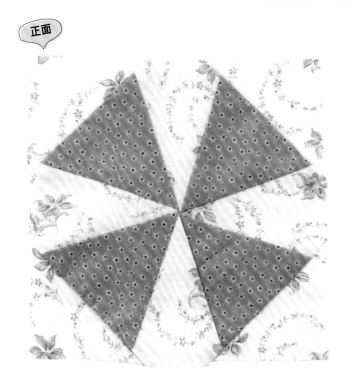

正面

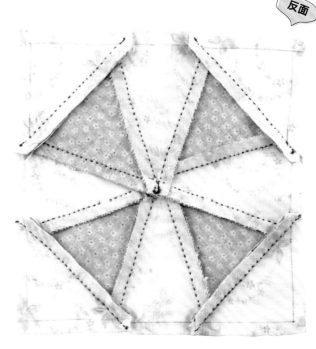

反面

製圖

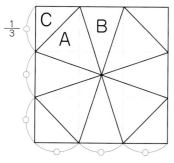

縫製順序

1 準備好兩片三角形布片。

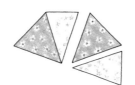

2 縫合2片布片，依照相同的方法再製作一組。

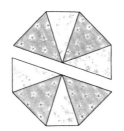

3 再製作2組步驟2中完成的圖樣，縫份倒向交錯。

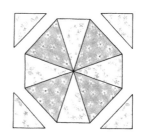

4 縫合步驟3的布片，縫份可任意倒向一側。

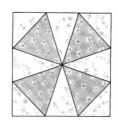

5 分別縫合四個角落的三角形，縫份倒向主圖一側。

9. 雙層風車 DOUBLE PINWHEEL

風車的圖案也有非常多種，這款是有兩層葉片的雙層風車圖案。縫合三角形時，請注意不要讓斜布紋的部分拉伸變形，如果讓小三角形葉片與旁邊三角形布片的配色作出對比，就能使風車的圖樣看起來更顯立體。

正面

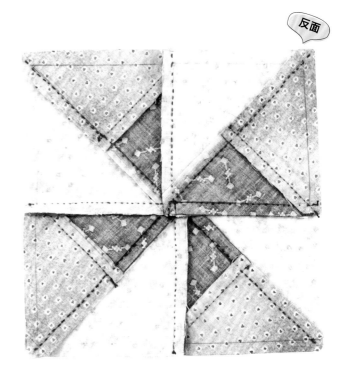
反面

製圖

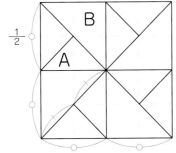

B
A
$\frac{1}{2}$

縫製順序

1 準備好兩片小三角形布片。

2 縫合兩片布片，縫份倒向中央側，接著縫合大三角形，縫份倒向大三角形一側。

3 製作4片步驟2中的布片，兩兩縫合，製作兩層，縫份倒向上下層交錯。

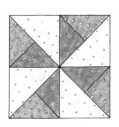

4 縫合兩層之後，縫份倒向一側。

魔術卡片 CARDTRICK

魔術卡片指的是撲克牌的戲法。這個圖案看起來像是四張牌疊在一起，看起來雖然很複雜，其實以兩種紙型就可製作而成，至於配色，可將它當成四種花紋的和諧組合，就能作出漂亮的搭配，縫合時，請不要將布片的配置放錯喔！

正面

反面
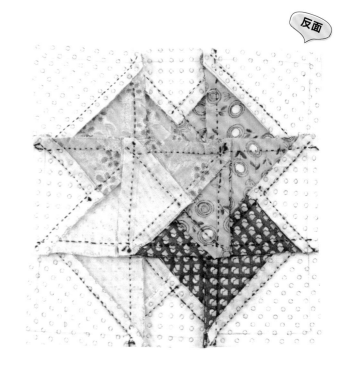

製圖

$\frac{1}{3}$

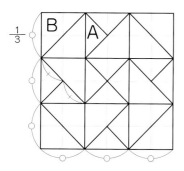

縫製順序

1 準備好兩片小三角形布片。

2 縫合兩片布片，縫份倒向主圖側，接著縫合大三角形，縫份倒向大三角形一側。

3 一邊確認布片花色的配置，一邊作橫向的縫合動作，縫份倒向主圖側，中央部分由四片小三角形縫合而成。

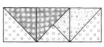

4 如圖製作3層，上下層縫份倒向交錯。

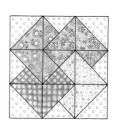

5 依序縫合3層，縫份倒向外側。

11. 鐵砧 ANVIL

以打鐵時用的工作台設計而成的圖案，拼布常會以生活中常見的工具或用品設計成圖案，由正方形及等腰三角形組合而成的簡單圖案，配色則建議將主圖與基底布的顏色作出較大的對比差異。

正面

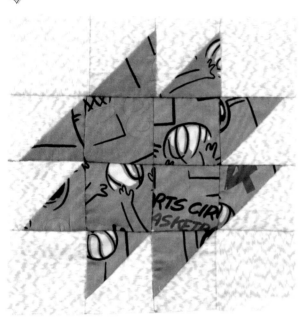

反面

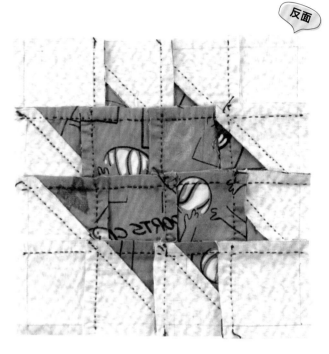

縫製順序

1 準備好兩片三角形布片。

2 縫合兩片布片，縫份倒向主圖一側，接著縫合相鄰的正方形布片。縫份倒向同一側。

製圖 $\frac{1}{4}$

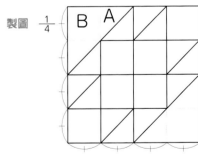

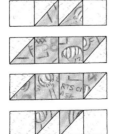

3 一邊確認布片花色的配置，一邊作橫向的縫合，共作4層，上下層縫份倒向交錯。

4 依步驟3的順序各一層層縫合。

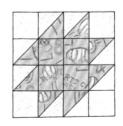

5 依序縫合4層，縫份倒向一側。

12. 楓葉 MAPLE LEAF

將正方形分割成九分的九宮格圖案的其中一款，雖為簡單的設計，反而更能表現葉子的姿態，以貼布縫作出莖幹，再與其他的布片縫合，令人印象深刻。

正面

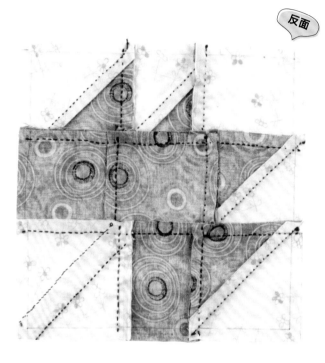
反面

縫製順序

1 準備好兩片三角形布片。

2 縫合兩片布片，縫份倒向主圖一側。

製圖 $\frac{1}{3}$

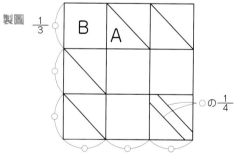

B　A

○ の $\frac{1}{4}$

3 葉子的莖幹圖樣，是將貼布縫布片的縫份摺入，以貼布縫固定而成。

4 一邊確認布片花色的配置，一邊作橫向的縫合動作，上下列的縫份倒向交錯。

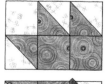

5 縫合第一層與第二層，將莖幹圖樣的布片縫在第三層。

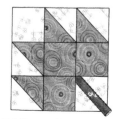

6 縫合第三層跟第一、二層，縫份倒向一側。

13. 俄亥俄之星 OHIO STAR

傳統拼布中有很多以星星為主題的圖案，一直流傳到現在，俄亥俄之星是由分成九分的九宮格組合而成的一個圖案，利用兩片紙型製作，雖然作法簡單，卻能明確地表現出星星的形狀，以主題部分為主角選擇配色，讓星星更加閃耀吧！

正面

反面

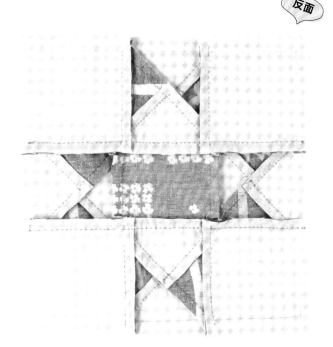

製圖 $\frac{1}{3}$

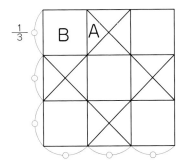

B A

縫製順序

1 縫合二角形布片，縫份倒向主圖一側。

2 依照相同方法製作2片，縫製4片正方形的區塊，縫份倒向一側。

3 準備4片步驟2中的區塊，5片正方形布片。

4 如圖橫向縫合，製作三層，上下列的縫份倒向錯開。

5 縫合三層，縫份倒向中間土圖一側。

14. 夜幕之星 EVENING STAR

不論在哪個時代都是很受歡迎的圖案，分成四等分的版型組合而成的圖案之一，
簡單又能享受配色變化的樂趣，中間的正方形放入刺繡圖案布片的拼布，稱為相
框拼布。

正面

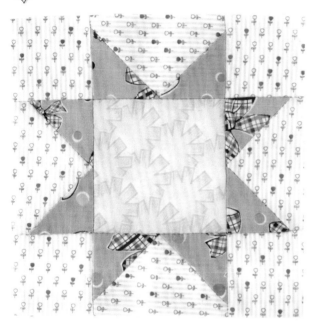

反面

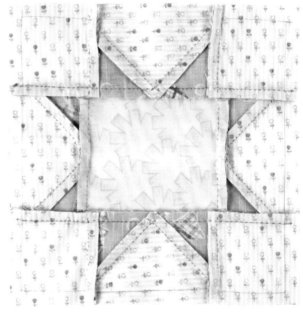

製圖 $\frac{1}{4}$

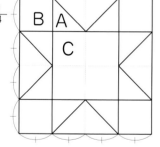

縫製順序

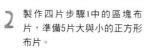

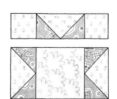

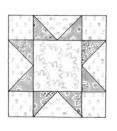

1 縫合大與小的三角形布片，縫
份倒向主圖一側。

2 製作四片步驟1中的區塊布
片，準備5片大與小的正方形
布片。

3 如圖所示，橫向的縫合，製作
三層，上下列的縫份倒向錯
開。

4 縫合這三層，縫份倒向中間主
圖一側。

15. 法院階梯 COURTHOUSE STEPS

由很受歡迎的小木屋變化而來的圖案,從正中心的正方形對稱地配置布片,上下側與左右側的配色作出明暗的對比,更可看出圖樣的設計概念。

正面

反面

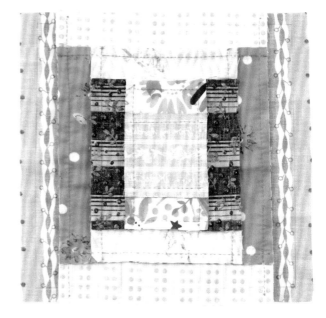

製圖 1/8

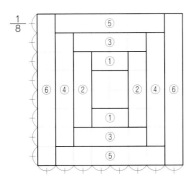

縫製順序

1 將上下的布片跟中間的正方形縫合,縫份全都倒向外側。

2 步驟1作好的布片與左右的布片縫合,縫份全都倒向外側。

3 依照相同的方式再縫合上下方的布片。

4 依照相同的方式再縫合左右邊的布片。

5 依循上下、左右的順序縫合布片。

16. 野鵝的追逐 WILD GOOSE CHASE

將三角形看成鳥，因而取了「野鵝群」這樣名字的圖案。想像前面是領隊，後面是在後方追逐的鵝群，不只是使用正方形布片，拼接成長形後，也能當成大邊條或小邊條使用。

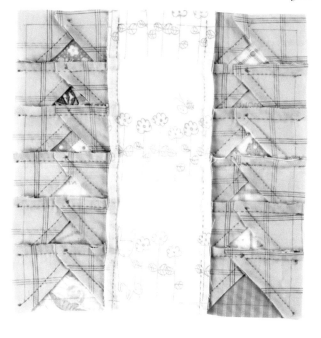

製圖 $\frac{1}{6}$

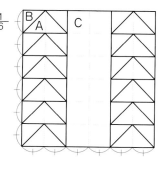

縫製順序

1 縫合大小三角形，縫份全都倒向主圖一側。

2 將步驟1作成的區塊圖樣左右接合，製作12片。

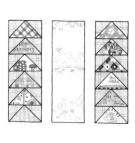

3 將步驟2的布片六片六片地縫合製作成2列，縫份倒向主圖側，準備好中央的布料。

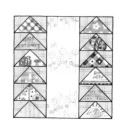

4 左右的區塊圖樣布片跟中央布片縫合，縫份倒向主圖一側。

17. 德雷斯登花盤 DRESDEN PLATE

以德國的德雷斯登所產的盤子為主題的圖案,縫合可愛的花瓣,再以貼布縫技法縫到基底布上,只需要一片這樣的圖案,就十分具有存在感,試著選擇喜愛的顏色跟配色吧!

 正面

反面

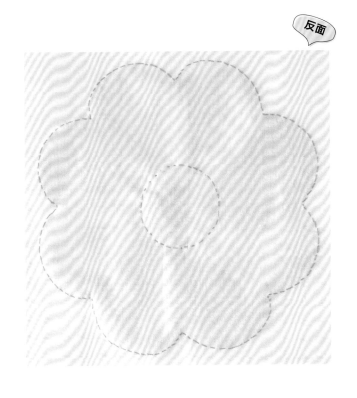

縫製順序

1 為了縫出漂亮的弧度,先在花瓣外側縫份作粗針目疏縫。

2 縫合花瓣布片從記號縫到記號處。

製圖 (原寸紙型於P.92)

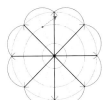

22.5°

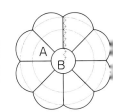

A
B

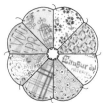

3 將8片布片縫合成一圈。

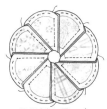

4 縫份倒向同一方向。

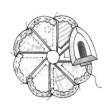

5 將紙型放入背面,拉緊縫線,以熨斗整燙圓弧形狀。

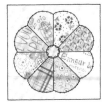

6 縫至基底布上(貼布縫技法請參考P.41)

7 以步驟1、5相同方法整理好中心部分的布片形狀,縫至中心處。

74

18. 扇子 FAN

華麗展開地的扇子圖案，扇子展開帶有繁榮的意義，通常會以絲質或緞面等，看起來較為華麗的材質製作的圖案，由四分之一圓組合而成的版型，組合四片成為一個圓，若是兩片就是半圓，可依配置有趣地作變化。

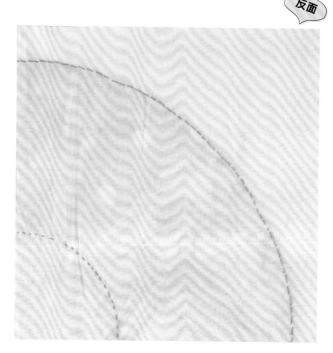

縫製順序

1 扇子部分的布片以從布邊縫到布邊的方式縫合。

2 縫份倒向同一方向。

製圖 $\frac{1}{9}$

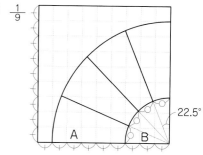

22.5°

A   B

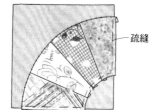

疏縫

3 一邊將縫份摺入，一邊以藏針縫固定於基底布上。（貼布縫技法請參考P.41）

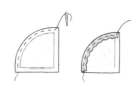

4 傘骨部分則是先在外側以較粗針目縫製，拉緊縫線之後，以熨斗整燙圓弧形狀。（參考P.74）。

5 將步驟**4**的布片縫到基底布上與中央的圖樣以藏針縫縫合。

19. 羅盤 COMPASS

由直線與圓弧組合而成的羅盤（羅盤儀）的圖案。指示船隻飛機航行方向的羅盤，應該是以前航海所不能欠缺的工具吧！
指針部分交錯的配色，看起來十分顯目。

正面

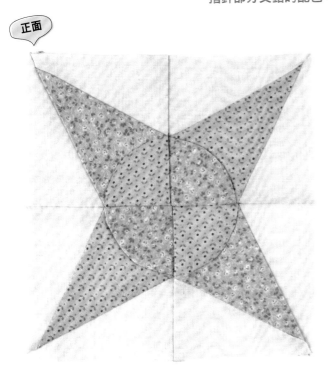

反面

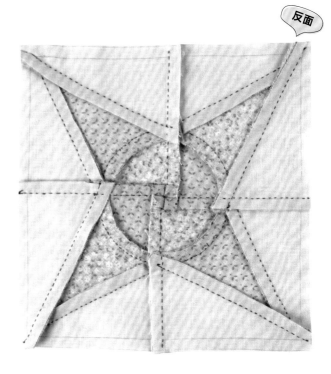

製圖

 $\frac{1}{2}$

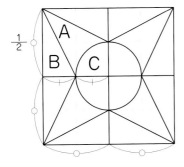

縫製順序

1 縫合圓錐形部分的左右兩側的布片，縫份倒向主圖一側。

2 縫合中間的四分之一圓（圓弧的縫法請參考P.28），縫份倒向四分之一圓的一側。

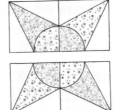

3 製作4片步驟2的布片，兩片兩片地從布邊縫到中心記號處，上下列的縫份倒向錯開。

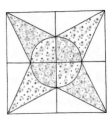

4 縫合兩層，中心的縫份倒向相互交錯。

20. 蜜蜂 HONEY BEE

描繪採集蜂蜜的蜜蜂圖案，小片拼接與圓弧貼布縫布片組合成溫馨的圖樣。以九宮格為中心的區塊，四周再縫上布片，並以貼布縫裝飾，配色不同，感覺也不一樣，可試著搭配各式各樣的顏色組合。

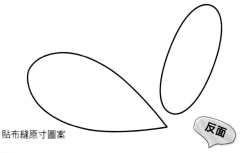

貼布縫原寸圖案

反面

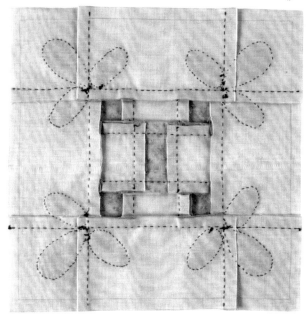

製圖
1/4

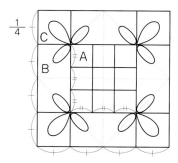

縫製順序

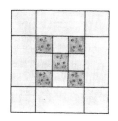

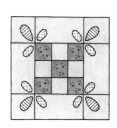

1 準備正方形的布片，縫合。

2 縫合三層之後，上下列的縫份倒向錯開。

3 步驟2的左右側縫上長方形的布片，縫份倒向內側，縫製上下層。

4 上下層的縫份倒向錯開，縫合三層，縫份倒向中央側。

5 在步驟4上面作貼布縫（貼布縫技法請參考P.41）。

21. 提籃 BASKET

有著彎彎提把的可愛提籃。提籃為主題的圖案有很多種,這是最為常見,十分受歡迎的一款設計,以切割成四分的正方形相同設計而成,配色方面則只要改變相鄰的三角形布片花色,提籃的模樣就能明確地顯現。

 正面

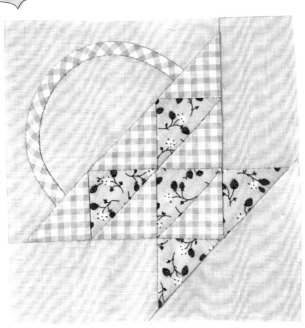

反面

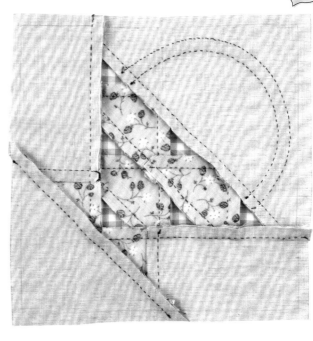

縫製順序

1 準備好三角形的布片,如圖一片一片地縫合,縫份倒向外側(格子布側)。

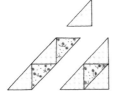

2 依照相同方式縫合下一層,縫份倒向外側(格子布側)。

製圖 $\frac{1}{4}$

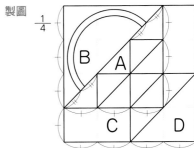

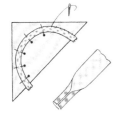

3 將斜布條的縫份摺入,以貼布縫作成提把布片。(貼布縫技法請參考P.41)

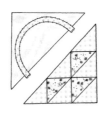

4 縫合步驟2與步驟3的布片,縫份倒向提籃一側。

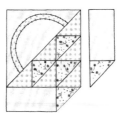

5 縫合長方形與三角形的布片,與步驟4的布片縫合,縫份倒向主圖一側。

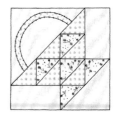

6 步驟5的布片與大三角形布片縫合,縫份倒向主圖一側。

22. 郵戳提籃 STAMP BASKET

以小小的花籃作為主題的圖案，提把為中心，縫合4片為一組，像是紀念郵票的樣子，所以也稱為郵戳提籃，選擇四種顏色作成四色的提籃也不錯，或與基底布與提籃各一色的雙色配色，也很可愛！

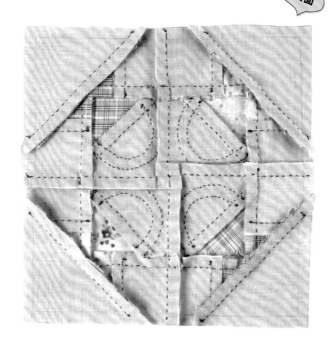

縫製順序

1 三角形與正方形布片縫合，縫份倒向主圖一側。

2 以貼布縫作成提把布片，與提籃部分的三角形布片縫合。

製圖 $\frac{1}{6}$

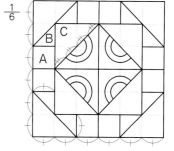

3 縫合步驟1跟步驟2中的布片，縫份倒向主圖一側。

4 步驟3的布片與下方的三角形布片縫合，縫份倒向主圖一側。

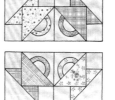

5 製作4片步驟4的布片，兩片、兩片縫合，從布邊縫到中心記號處，上下層的縫份倒向錯開。

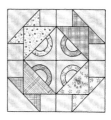

6 縫合兩層，中心處的縫份倒向交錯。

23. 玫瑰花園 ROSE GARDEN

從正中心往外，三角形的布片越來越大，象徵著花心到花瓣的圖案。若在布片尺寸及顏色上作變化，就更能看出設計圖樣的效果，縫合斜布紋的一邊時，請不要拉伸變形。

正面

反面

縫製順序

1 準備中央的布片與外側的三角形布片。

2 縫合兩片布片，依照左上、右下、右上、左下的順序縫合布片，縫份倒向中央側。

3 變成正方形之後，依照上下、左右的順序縫合，從此處開始，縫份倒向外側。

製圖 $\frac{1}{4}$

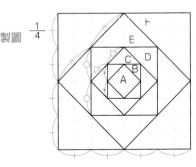

4 依照相同方式，縫合布片周圍的三角形布片。

5 依照相同方式，縫合周圍的三角形布片。

6 再繼續依照相同方式，縫合周圍的三角形布片。

7 中間的正方形外側縫合了五層三角形布片後，即完成玫瑰花園的圖案。

24. 房子 HOUSE

斜斜的屋頂與兩根煙囪組合成可愛小房子的圖案。只需一片就很有存在感的傳統圖案，也稱為老屋或校舍，布片的數目很多，都只是直線的小片拼接，只要一邊注意區塊配置，一邊進行縫製即可完成。

正面

反面

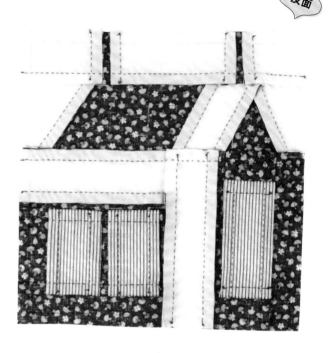

縫製順序

1 縫合有煙囪的第一層，縫份倒向主圖一側。

2 縫合第二層的屋簷，縫份倒向主圖一側。

製圖 $\frac{1}{9}$

```
A  B    C      D
E              I
   F G H
J K
```

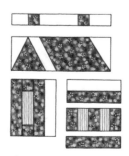

3 縫合門的區塊，縫份倒向紅色花紋一側。

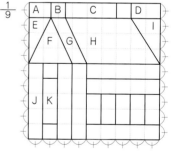

4 縫製窗戶的區塊，縫份倒向紅色花紋一側。

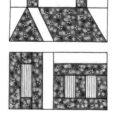

5 縫合門與窗戶的區塊，縫份倒向窗戶區塊一側。縫合煙囪與屋簷區塊，縫份倒向屋簷一側。

6 縫合屋簷與門與窗戶的區塊，縫份倒向屋簷圖樣側。

針插

在一片圖案中壓線完成的針插，對於初學者來說是既簡單又實用的小物。示範作品用到了鐵路柵欄、搖動木馬、領結圖案，選擇喜歡的圖案，或改變尺寸製作看看吧！

HOW TO MAKE...P.84

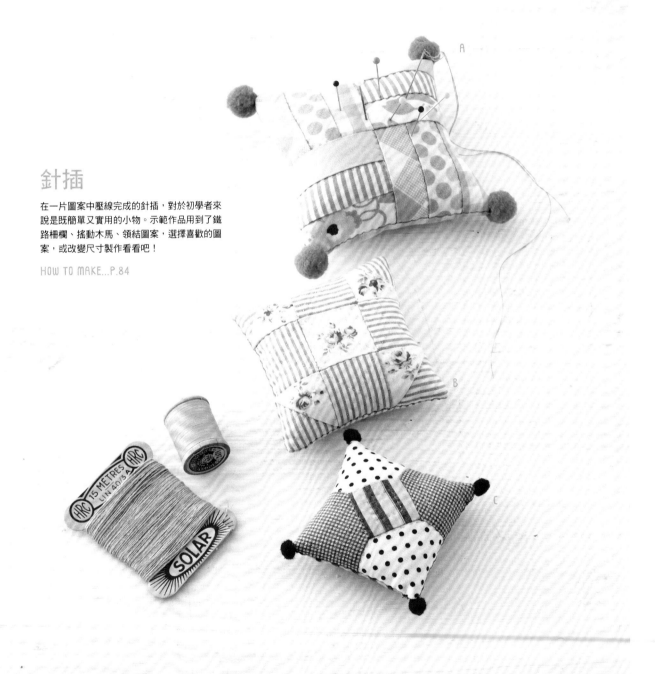

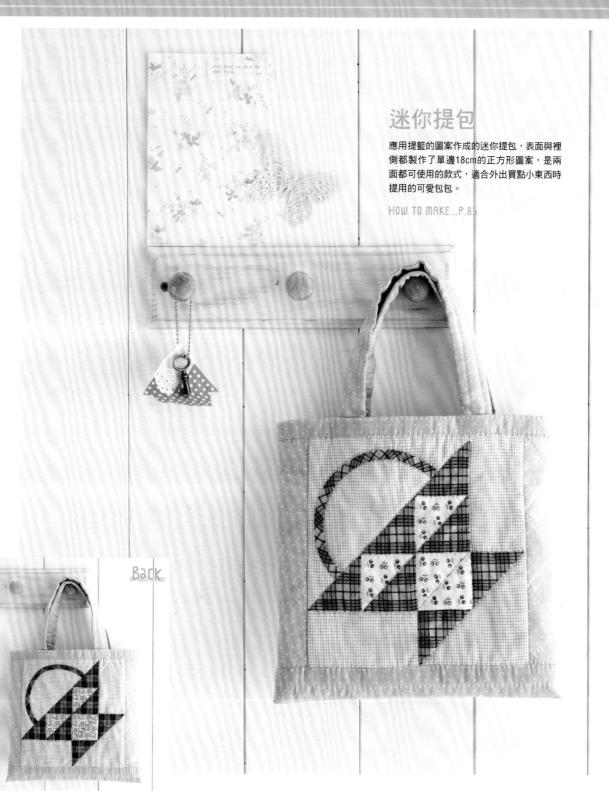

迷你提包

應用提籃的圖案作成的迷你提包，表面與裡側都製作了單邊18cm的正方形圖案，是兩面都可使用的款式，適合外出買點小東西時提用的可愛包包。

HOW TO MAKE...P.86

Back

針插 P.82

材料

A：拼接用布…綠格紋（含後片） 20×20cm、各種綠色系零碼布適量、襯布，鋪棉各15×15cm、毛線球4個、填充棉適量

B：拼接用布…淺紫色條紋（含後片） 30×30cm、淡紫色小花布15×10cm、襯布，鋪棉各10×10cm、填充棉適量

C：拼接用布…各種零碼布適量、襯布，鋪棉各10×10cm、毛線球4個、填充棉適量

完成尺寸

A 9×9cm B7.5×7.5cm C 6×6cm

縫製順序

1. 拼接布片製作表布，疊上鋪棉與襯布後壓線。
2. 步驟1中的布片與後片布正面相對，留返口，縫合四周。
3. 翻回正面，塞入棉花。
4. 縫合返口，縫上毛線球。（B款沒有毛線球）

針插A配置圖（後片為單片布）

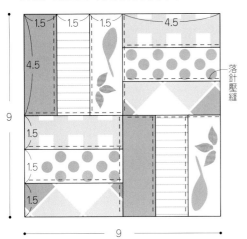

9 / 9

★圖案縫合方法請參考P.60

B

落針壓縫

2.5 / 2.5 / 7.5 / 7.5

★圖案縫合方法請參考P.61
除了圖案，其餘縫份皆為1cm

C

落針壓縫

3 / 3 / 1.5 / 3 / 6 / 1.5 / 3 0.5 壓線 / 6

★圖案縫合方法請參考P.63

---

1. 縫製表布，疊上鋪棉與襯布後壓線

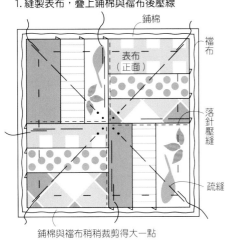

鋪棉
襯布
表布（正面）
落針壓縫
疏縫

鋪棉與襯布稍稍裁剪得大一點

2. 表布與後片布正面相對縫合

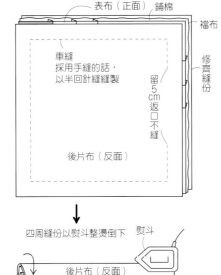

表布（正面）　鋪棉
襯布
車縫
採用手縫的話，
以半回針縫縫製
留5cm返口不縫
修齊縫份
後片布（反面）

※翻回正面時，
形狀會比較好看

四周縫份以熨斗整燙倒下　熨斗

後片布（反面）
襯布

3. 翻回正面塞入棉花

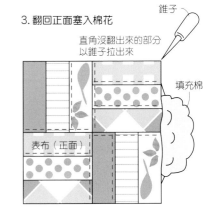

錐子
直角沒翻出來的部分
以錐子拉出來
填充棉
表布（正面）

4. 縫合返口，縫上毛線球

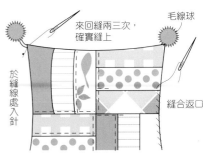

來回縫兩三次，
確實縫上
毛線球
於縫線處入針
縫合返口

迷你提包 P.83

材料
拼接用布…水藍色圖點（含提把‧袋口布‧裡袋）
100×40cm、水藍色格紋50×50cm、適量的零碼布、鋪棉
60×30cm、單膠鋪棉50×20cm

完成尺寸
長22.5×寬24cm

縫製順序
1.拼接布片製作表布，疊上鋪棉後壓線，布料正面相對，車
縫脇邊與底邊。
2.將袋口布縫成一圈，與袋身布正面相對後縫合，袋口布翻
回正面壓線，往裡對摺。
3.裡袋與表袋袋身的作法相同，摺入開口處的縫份後，縫上
提把。
4.將裡袋放入表袋裡以藏針縫固定。

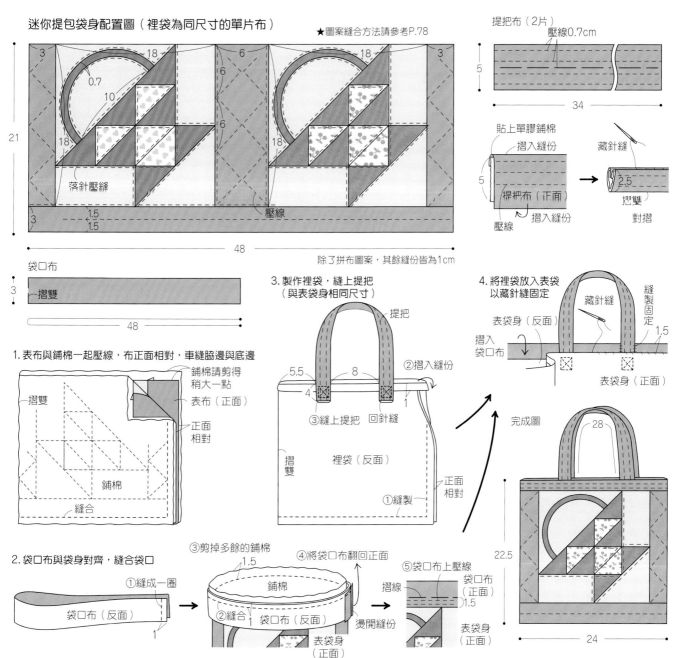

迷你提包袋身配置圖（裡袋為同尺寸的單片布）

★圖案縫合方法請參考P.78

除了拼布圖案，其餘縫份皆為1cm

85

迷你壁飾

將十分受歡迎的檸檬星圖案縫合上小邊條，再縫上大邊條
後就成了一款迷你壁飾，四片圖樣的顏色都不同，十分繽
紛，圖案與邊條分別有著不同的壓線設計，讓畫面更有變
化。

HOW TO MAKE...P.88

迷你夏威夷拼布

將一片夏威夷拼布的圖案直接縫上基底布，就成了一塊迷你拼布，圖案周圍有著夏威夷拼布特有的波浪壓線，這樣的尺寸最適合裝飾房間的小角落。

HOW TO MAKE...P.88

迷你壁飾 P.86

材料

拼接用布…水藍色條紋 110×30cm、白色素布 55×30cm、各色零碼布適量、裡布與鋪棉各60×60cm、包邊布（斜布紋）…水藍色條紋布3.5×210cm

完成尺寸

48.1×48.1cm

縫製順序

1.製作拼布圖案共四片，依序跟小邊條縫合製作成中央的部分。

2.將大邊條縫於步驟**1**完成的布片周圍。

3.將鋪棉與裡布與步驟**2**的布片疊在一起，作壓線。

4.步驟**3**以包邊處理四周。

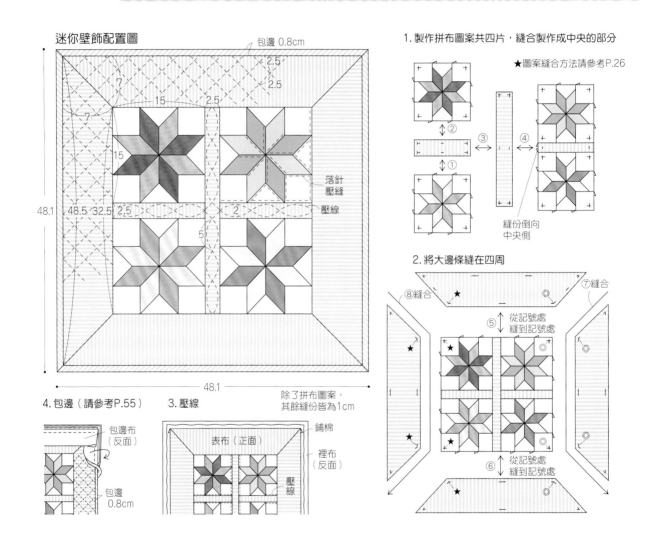

迷你夏威夷拼布 P.87

材料

貼布繡用布…深粉紅色素布30×30cm、白色素布30×30cm、裡布與鋪棉各30×30cm、包邊布…深粉紅色素布3.5×120cm

完成尺寸

26×26cm

縫製順序

1.裁剪貼布縫用布，在基底布（26×26cm）上疏縫後，作貼布縫，完成表布。（請參考P.38）

2.於步驟**1**完成的表布和鋪棉與裡布疊在一起，參考P.87作品作波浪壓線的設計壓線。

3.將步驟**2**完成的布片周圍以包邊布處理（完成寬度0.8cm，請參考P.55）

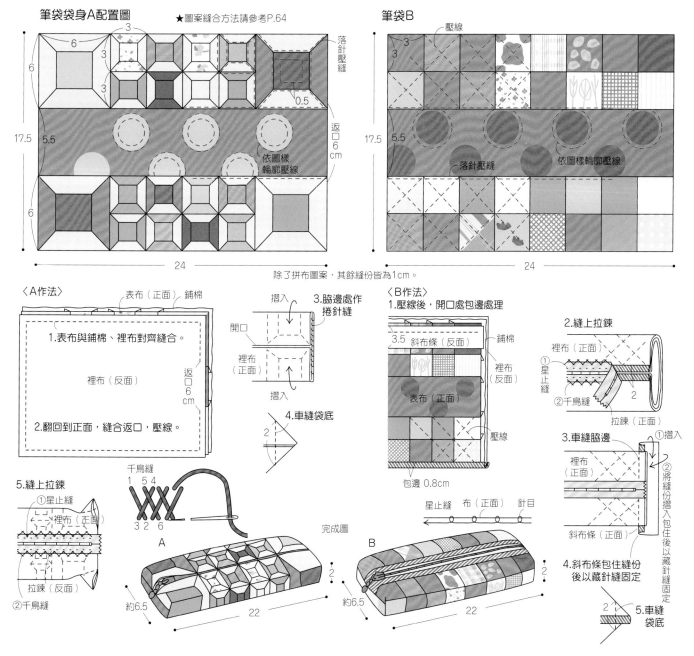

筆袋 P.91

材料

（A‧B共用）拼接用布…各種零碼布適量、裡布與鋪棉各30×25cm、22cm拉鍊一條、（只有B）包邊布（斜布紋）…紅色條紋3.5×60cm、處理縫份用斜布條4×70cm

完成尺寸

參考圖片

縫製順序

<A>**1.**拼接布片製作表布。

2.步驟**1**中製作的表布與鋪棉、裡布，布正面相對，留返口不縫，縫合周圍，翻回正面之後壓線，再縫合返口，開口中心正面相對對摺，側邊作捲針縫，最後再縫上拉鍊。

<B>**1.**拼接布片製作表布。

2.步驟**1**中製作的表布與鋪棉、裡布，布正面相對縫合後，壓線，開口處包邊後縫上拉鍊，開口處置中，車縫兩脇邊，以斜布條包邊處理縫份，抓褶縫製袋底。

筆袋袋身A配置圖

★圖案縫合方法請參考P.64

3　6　3　3　3　6　6　17.5　5.5　6　落針壓縫　0.5　返口6cm　依圖樣輪廓壓線　24

筆袋B

壓線　3　3　17.5　5.5　落針壓縫　依圖樣輪廓壓線　24

除了拼布圖案，其餘縫份皆為1cm。

〈A作法〉

表布（正面）　鋪棉

1.表布與鋪棉、裡布對齊縫合。

裡布（反面）

返口6cm

2.翻回到正面，縫合返口，壓線。

摺入　開口　3.脇邊處作捲針縫

裡布（正面）　摺入

4.車縫袋底

2

〈B作法〉

1.壓線後，開口處包邊處理

3.5 斜布條（反面）　鋪棉

表布（正面）　裡布（反面）

壓線

包邊 0.8cm

2.縫上拉鍊

裡布（正面）

①星止縫　②千鳥縫　2　拉鍊（正面）

3.車縫脇邊

①摺入

裡布（正面）

斜布條（正面）　②將縫份摺入包住後以藏針縫固定

4.斜布條包住縫份後以藏針縫固定

5.車縫袋底

2

5.縫上拉鍊

①星止縫　裡布（正面）

拉鍊（反面）　②千鳥縫

千鳥縫

1　5　4　3　2　6

A

約6.5　22

星止縫　布（正面）　針目

完成圖

B

約6.5　22

2

2

長方形提包＆小化妝包

以德雷斯登花盤圖案，搭配各式各樣的零碼布，組合而成的長方形提包與小化妝包。裝飾著水兵帶的長方形提包，可輕鬆放入A4尺寸的文件，小化妝包則是利用縮小的提包紙型製作而成。

HOW TO MAKE...P.92~93

筆袋

抓底設計，十分實用的筆袋，B是拼接正方形的布片，A則是
選用線軸圖案拼接而成，是一款充滿著拼接小布片樂趣的作
品。

HOW TO MAKE...P.89

MAKING PATCHWORK

QUILT

長方形提包&小化妝包 P90

材料

（長方形提包）拼接用布…紫色條紋（包含後片）
70×40cm、紫色格紋35×10cm、各種零碼布適量、裡袋用布
90×40cm、鋪棉70×45cm、1.6cm寬水兵帶30cm、皮革提把1
組、5號繡線紫色‧咖啡色適量

完成尺寸

請參考圖片

縫製順序

1. 拼接布片製作前片表布後，疊上鋪棉壓線，上方放上水兵帶疏縫固定，以繡線縫製固定，後片以單片布片疊上鋪棉壓線。

2. 前片及後片正面相對，車縫脇邊與底部。

3. 在裡袋縫上內口袋，與步驟**2**一樣車縫脇邊與底邊。

4. 表袋與裡袋反面相對，對齊之後，各自將縫份向內側摺，袋口以縫紉機車縫裝飾線。

5. 縫上提把。

提袋前片裁布圖 ★圖案縫合方法請參考P.74

縫製提把位置
6　　　　　6
人字繡
（5號繡線1股）
6.8
13.6
6.8　13.6
6.8
6.8
34
13.6
6.8
13.6
貼布縫　　1
6.8
壓線1.5cm
6.8
水兵帶
落針壓縫
壓線
27.2

後片（與裡袋相同尺寸兩片）

縫製提把位置
6　　　　6
壓線1.5cm
27.2
除了拼布圖案，其餘縫份皆為1cm

原寸紙型

小化妝包

提包

中心線摺雙

---

1. 縫合成圖案後，製作成表布，
　前片、後片壓線

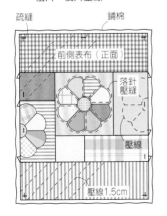

疏縫　　　鋪棉
前側表布（正面）
落針壓縫
壓線
壓線1.5cm

2. 前片、後片正面相對之後，縫合脇邊與底邊

前片表布（正面）鋪棉
後片表布（反面）
縫製
1
鋪棉

3. 縫製裡袋

內口袋（2片）
12
16
縫製　正面相對
內口袋（反面）
返口 5cm
1
1

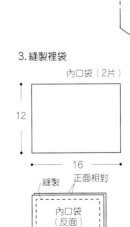

②放上裡袋
車縫固定
①翻到正面車縫
4
0.4　5.6
內口袋（正面）　裡袋（正面）
裡袋（反面）
1
③縫製脇邊與底部

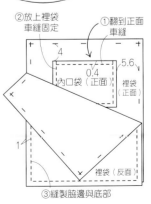

〈人字繡〉
出
②
①入
疏縫
水兵帶
④　③
出　入

材料
（小化妝包）拼接用布…紫色格紋30×20cm、各種零碼布適量、裡布·鋪棉各35×30cm、包邊布（斜布紋）…紫色格紋3.5×50cm、20cm拉鍊1條、處理縫份用斜布條3.5×50cm

完成尺寸
請參考圖片

縫製順序
1.拼接布片製作表布後，疊上鋪棉與裡布壓線，開口處作包邊處理。
2.表布正面相對，縫製兩脇邊，縫份以斜布條處理縫份。
3.縫製袋底，以相同方式處理縫份。
4.以星止縫縫上拉鍊，拉鍊兩端以裡布包住藏針縫固定。

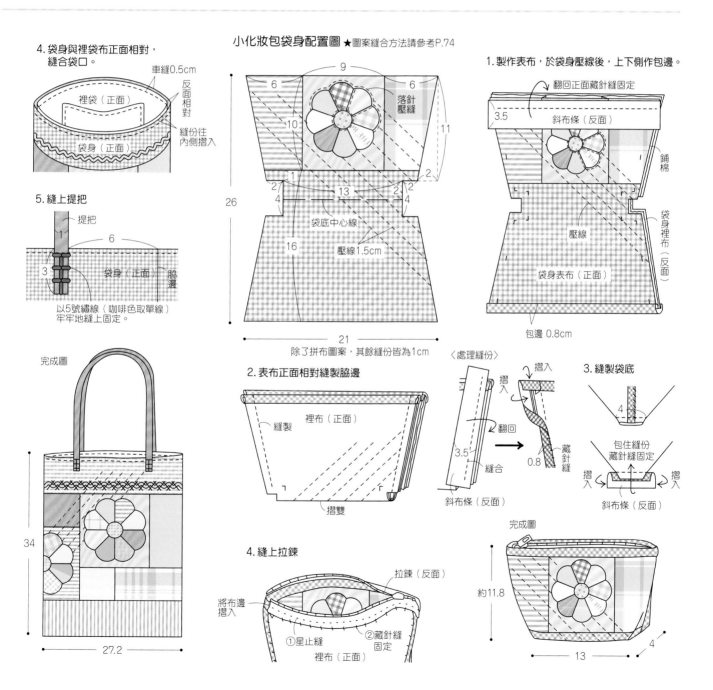

4.袋身與裡袋布正面相對，縫合袋口。

5.縫上提把
以5號繡線（咖啡色取單線）牢牢地縫上固定。

小化妝包袋身配置圖 ★圖案縫合方法請參考P.74

1.製作表布，於袋身壓線後，上下側作包邊。

除了拼布圖案，其餘縫份皆為1cm

2.表布正面相對縫製脇邊

〈處理縫份〉

3.縫製袋底

4.縫上拉鍊

完成圖

配置指的是將各式各樣的圖案排在一起搭配設計，
即使是相同的圖案，也會因為配置排列的不同而改變，
這就是拼布的樂趣。
試著自由地設計圖案的排列方式與方向吧！

閃光配置

直接將圖案連接地配置在一起即稱為閃光配置，
連接圖案使設計的圖樣變大，圖案也因而產生新的視覺感受。

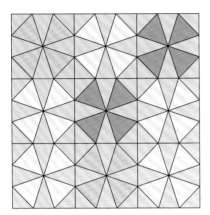

萬花筒是只用直線構成的圖案，但大量地
拼接在一起後，竟然能夠出現像圓形的圖
樣，讓人感到不可思議，選漸層的配色組
合，看起來更加漂亮。

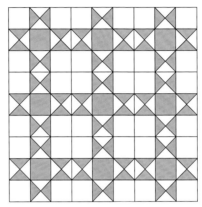

只是將俄亥俄之星的圖案單純排在一起，
就變成大格子的設計圖樣了呢！

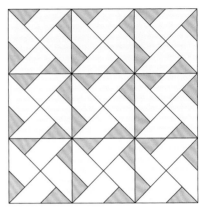

風車的圖案以2色配色完成，直接並排，
拼接後似乎又出現了其他的風車圖形，在
四片圖案中出現了大的菱形風車。

夜幕之星與沙漏的圖案組合，雖然是閃光
配置，也可以與其他的圖案搭配組合。

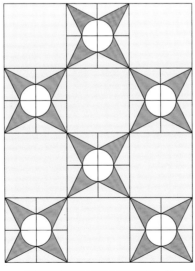

羅盤圖案與素色布料的交錯配置搭配，接
連在一起的羅盤圖案中，出現了八角形的
圖案。

加入小邊條的配置

小邊條像是畫框一樣讓圖案顯得更加顯
目，組合每一片不同的拼布圖案，稱之為
拼布大作品，如果加入小邊條一起配置，
效果更佳。

● 改變圖案方向的配置

改變小木屋圖案的配置方向，就呈現了不同方向性的變化，這個作品的配置是採用越往中間顏色越深的配色。

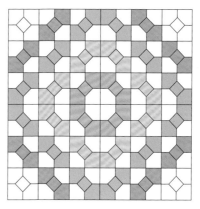

將領結圖案從中間往外以同心圓的方式配置排列，本來一眼就看出形狀的領結，突然就給人不同的印象了！

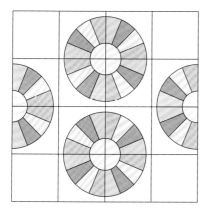

扇子是能在配置中得到很多不同樂趣的圖案，此處是將四分之一圓集中排列的設計。

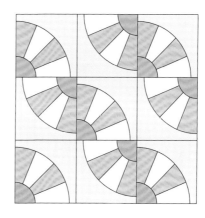

改變扇子圖案方向性的變化排列，連續排列的扇子極具動感。

● 鑽石配置

圖案直角朝上的排列稱為鑽石配置，一般來說，斜向的主圖用這種方式配置會更加具有效果，提籃圖案利用鑽石配置，使人印象深刻。

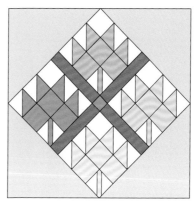

四片楓葉的圖案之間加入小邊條，作成鑽石配置，葉子的形象更清楚了！

【FUN手作】89

初學拼接圖形の最強聖典！一次解決自學拼布的入門難題：
超詳細基礎教學×３６個必學圖形×配色實作練習

作　　　者／日本ヴォーグ社
譯　　　者／苡蔓
發 行 人／詹慶和
總 編 輯／蔡麗玲
執行編輯／黃璟安
特約編輯／徐立菱
編　　　輯／蔡毓玲‧劉蕙寧‧陳姿伶
執行美編／周盈汝
美術編輯／陳麗娜‧李盈儀
內頁排版／造極
出 版 者／雅書堂文化事業有限公司
發 行 者／雅書堂文化事業有限公司
郵政劃撥帳號／18225950
郵政劃撥戶名／雅書堂文化事業有限公司
地　　　址／220新北市板橋區板新路206號3樓
電　　　話／(02)8952-4078
傳　　　真／(02)8952-4084
網　　　址／www.elegantbooks.com.tw
電子郵件／elegant.books@msa.hinet.net

2014年5月初版一刷　定價380元

ICHIBAN YOKU WAKARU PATCHWORK NO KISO(NV70057)
Copyright©NIHON VOGUE-SHA 2010
All rights reserved.
Photographer:Toshikatsu Watanabe,Nobuo Suzuki,Martha Kawamura
Designers of the projects of this book: Chieko Ishizaki,Mayumi Hattori,Setsuko
Yamada,Yoko Fujimura,Yoko Kaku,Yuko Kado
Original Japanese edition published in Japan by Nihon Vogue Co., Ltd.
Traditional Chinese translation rights arranged with Nihon Vogue Co., Ltd.
through Keio Cultural Enterprise Co., Ltd.
Traditional Chinese edition copyright © 2014 by Elegant Books Cultural
Enterprise Co., Ltd.

總經銷／朝日文化事業有限公司
進退貨地址／新北市中和區橋安街15巷1號7樓
電話／(02) 2249-7714　　傳真／(02) 2249-8715
星馬地區總代理：諾文文化事業私人有限公司
新加坡／Novum Organum Publishing House (Pte) Ltd.
20 Old Toh Tuck Road, Singapore 597655.
TEL：65-6462-6141　　FAX：65-6469-4043
馬來西亞／Novum Organum Publishing House (M) Sdn. Bhd.
No. 8, Jalan 7/118B, Desa Tun Razak, 56000 Kuala Lumpur, Malaysia
TEL：603-9179-6333　　FAX：603-9179-6060

國家圖書館出版品預行編目資料

初學拼接圖形の最強聖典!一次解決自學拼布的入門
難題:超詳細基礎教學x36個必學圖形x配色實作練
習 / 日本ヴォーグ社著；苡蔓譯. -- 初版. -- 新北市：
雅書堂文化, 2014.05　面；　公分. --（Fun手作；89）
ISBN 978-986-302-172-8(平裝)

1.拼布藝術 2.手工藝
426.7　　　　　　　　　　　103005068

＊Staff
攝影 ／渡辺淑克（封面‧彩頁）
　　　　鈴木信雄‧川村真麻（作法）
造型設計／絵内友美
書籍設計 ／ohmae-d（前原香織）
繪圖／わたぬきみちこ
製圖、圖形繪製／ファクトリー‧ウォーター
編輯協力／鈴木さかえ
執行編輯／寺島暢子
指導／今ひろ子
攝影協力／
AWABEES
素材協力／
クロバー株式會社
http://www.clover.co.jp
HOBBYRA HOBBYRE
http://www.hobbyra-hobbyre.com
アドガー工業株式會社
http://www.adger.co.jp
河口株式會社　◆P.8尺（上）
http://www.t-k-kawaguchi.com

Patchwork·拼布美學01
齊藤謠子の
提籃圖案創作集（精裝）
作者：齊藤謠子
定價：550元
19×26cm·123頁·彩色＋單色

Patchwork·拼布美學02
齊藤謠子の
不藏私拼布入門課
作者：齊藤謠子
定價：450元
21×26cm·95頁·彩色＋單色

Patchwork·拼布美學03
齊藤謠子的不藏私拼布課
lessons 2
作者：齊藤謠子
定價：450元
21×26 cm·96頁·全彩

Patchwork·拼布美學04
從基礎學起！
齊藤謠子的不藏私拼布課
作者：齊藤謠子
定價：450元
21×26cm·95頁·全彩

Patchwork·拼布美學05
齊藤謠子的不藏私拼布課
Lessons 3
作者：齊藤謠子
定價：450元
21×26cm·99頁·單色＋彩色

Patchwork·拼布美學06
齊藤謠子の
羊毛織品拼布課
作者：齊藤謠子
定價：450元
21×26cm·96頁·單色＋彩色

Patchwork·拼布美學07
中島凱西的閃亮亮
夏威夷風拼布創作集
作者：中島凱西
定價：480元
21×26cm·112頁·單色＋彩色

Patchwork·拼布美學08
齊藤謠子の異國風拼布包
作者：齊藤謠子
定價：480元
21×26cm·112頁·單色＋彩色

Patchwork·拼布美學09
無框·不設限：突破傳統
拼布圖形的29堂拼布課
作者：齊藤謠子
定價：480元
19×26cm·112頁·單色＋彩色

Patchwork·拼布美學10
齊藤謠子の拼布花束創作集
作者：齊藤謠子
定價：580元
21×26cm·112頁·單色＋彩色

Patchwork·拼布美學11
復刻╳手感
愛上棉質印花古布
作者：齊藤謠子
定價：480元
19×26cm·112頁·單色＋彩色

Patchwork·拼布美學12
齊藤謠子の好生活拼布集
作者：齊藤謠子
定價：380元
21×26cm·96頁·彩色＋單色

Patchwork·拼布美學13
柴田明美的
微幸福可愛布作
作者：柴田明美
定價：380元
21×26cm·104頁·彩色＋單色

Patchwork·拼布美學14
齊藤謠子的拼布：
專屬·我的職人風手提包
作者：齊藤謠子
定價：480元
19×26cm·104頁·彩色＋單色

Patchwork·拼布美學15
齊藤謠子の北歐風拼布包
作者：齊藤謠子
定價：480元
21×26cm·80頁·彩色＋單色

Patchwork·拼布美學16
齊藤謠子の拼布
晉級の手縫
作者：齊藤謠子
定價：480元
21×26cm·96頁·彩色＋單色

Patchwork·拼布美學17
秋田景子の優雅拼布BAG：
花草素材×幾何圖形·
25款幸福感拼接布包
作者：秋田景子
定價：420元
21×26cm·72頁·彩色＋單色

拼布人必備的
大師級拼布經典

本圖片摘自《齊藤謠子の北歐風拼布包》

拼布garden 01
愛不釋手先染拼布包
作者：蔣絜安
定價：480元
19×24cm．160頁．彩色＋單色

拼布garden 02
Kat's美式復刻版拼布集
作者：魏家珍
定價：480元
19×24cm．160頁．彩色＋單色

拼布garden 03
漫步花園先染拼布包
作者：林蔚蓉
定價：480元
19×24cm．144頁．全彩

拼布garden 04
玫瑰蕾絲拼布包創作集
作者：韋瓊玉
定價：450元
19×24cm．136頁．單色＋彩色

拼布garden 05
達人流．異材質
多工機縫時尚手作包
作者：韋瓊玉
定價：450元
19×24cm．120頁．彩色

Patchwork．拼布美學06
秀惠老師。
不藏私的先染拼布好時光
作者：周秀惠
定價：380元
19x24cm．120頁．彩色

Fun手作72
全圖解新手＆達人必備
壓布腳縫紉全書
作者：臺灣嘉佳股份有限公司
定價：580元
19×24cm．192頁．全彩

FUN手作84
拼布包也能這麼作！
設計師の私房手作布包
作者：台灣羽織創意美學有限公司
定價：450元
19x24cm．136頁．彩色

學拼布嗎？
初心者必備
練功祕笈在這裡！

玩布作02
人見人愛的卡哇伊手作小物
作者：BOUTIQUE-SHA
定價：199元
17×24cm．71頁．全彩

玩布作03
拼布基本功 I
作者：BOUTIQUE-SHA
定價：220元
17×24cm．65頁．全彩

玩布作04
拼布基本功 II
作者：BOUTIQUE-SHA
定價：220元
17×24cm．71頁．全彩

玩布作05
拼布基本功 III
作者：BOUTIQUE-SHA
定價：220元
17×24cm．70頁．全彩

玩布作06
拼布基本功 IV
作者：BOUTIQUE-SHA
定價：240元
17×24cm．87頁．全彩

玩布作07
拼布基本功 V
作者：BOUTIQUE-SHA
定價：240元
17×24cm．87頁．全彩